KB083268

열려라 심화

초등수학

6-1

□+○=921
가장 확실한
초등 심화 입문서
열려라
심화
초등수학
류승재 지음
6-1
학년
$\frac{7}{10}$=0.7
블루무스에듀
bluemoose edu
$\frac{1}{2}$

• 들어가는 말 •

누구나 심화 잘할 수 있습니다!
교재를 잘 만난다면 말이죠

이 책은 새로운 개념의 심화 입문교재입니다. 이 책을 다 풀면 교과서와 개념·응용교재에서 배운 개념을 재확인하는 것부터 시작해서 심화까지 한 학기 분량을 총정리하는 효과가 있습니다.

개념·응용교재에서 심화로의 연착륙을 돕도록 구성

시간과 노력을 들여 풀 만한 좋은 문제들로만 구성했습니다. 응용에서 심화로의 연착륙이 수월하도록 난도를 조절하는 한편, 중등 과정과의 연계성 측면에서 의미 있는 문제들만 엄선했습니다. 선행개념은 지금 단계에서 의미 있는 것들만 포함시켰습니다. 애초에 심화의 목적은 어려운 문제를 오랫동안 생각하며 푸는 것이기에 너무 많은 문제를 풀 필요가 없습니다. 또한 응용교재에 비해 지나치게 어려워진 심화교재에 도전하다 포기하거나, 도전하기도 전에 어마어마한 양에 겁부터 집어먹는 수많은 학생들을 봐 왔기에 내용과 양 그리고 난이도를 조절했습니다. 참고로 교과서 5단원 여러 가지 그래프의 경우, 특정 유형으로 정리하기에는 적합하지 않아서 단원별 심화에는 등장하지 않습니다. 다만 기본 개념을 다지고 생각을 확장해 주는 좋은 문제들을 심화종합과 실력 진단 테스트에 넣었습니다.

단계별 힌트를 제공하는 답지

이 책의 가장 중요한 특징은 정답과 풀이입니다. 전체 풀이를 보기 전, 최대 3단계까지 힌트를 먼저 주는 방식으로 구성했습니다. 약간의 힌트만으로 문제를 해결함으로써 가급적 스스로 문제를 푸는 경험을 제공하기 위함입니다.

이런 학생들에게 추천합니다

이 책은 응용교재까지 소화한 학생이 처음 하는 심화를 부담없이 진행하도록 구성했습니다. 즉 기본적으로 응용교재까지 소화한 학생이 대상입니다. 하지만 개념교재까지 소화한 후, 응용을 생략하고 심화에 도전하고 싶은 학생에게도 추천합니다. 일주일에 2시간씩 투자하면 한 학기 내에 한 권을 정복할 수 있기 때문입니다.
심화를 해야 하는데 시간이 부족한 학생에게도 추천합니다. 이런 경우 원래는 방대한 심화교재에서 문제를 골라서 풀어야 했는데, 그 대신 이 책을 쓰면 됩니다.
이 책을 사용해 수학 심화의 문을 열면, 수학적 사고력이 생기고 수학에 대한 자신감이 생깁니다. 심화라는 문을 열지 못해 자신이 가진 잠재력을 펼치지 못하는 학생들이 없기를 바라는 마음에 이 책을 썼습니다. 《열려라 심화》로 공부하는 모든 학생들이 수학을 즐길 수 있게 되기를 바랍니다.

류승재

• 차 례 •

이 책의 구성

들어가기 전 체크

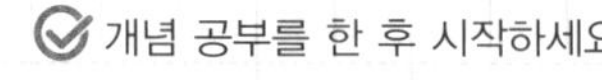

개념 공부를 한 후 시작하세요

학교 진도와 맞추어 진행하면 좋아요

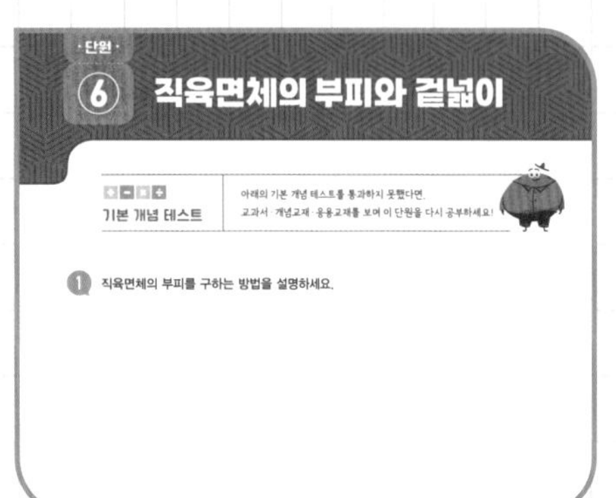

· 기본 개념 테스트

단순히 개념 관련 문제를 푸는 수준에서 그치지 않고, 하단에 넓은 공간을 두어 스스로 개념을 쓰고 정리하게 구성되어 있습니다.

TIP 답이 틀려도 교습자는 정답과 풀이의 답을 알려 주지 않습니다. 교과서와 개념교재를 보고 답을 쓰게 하세요.

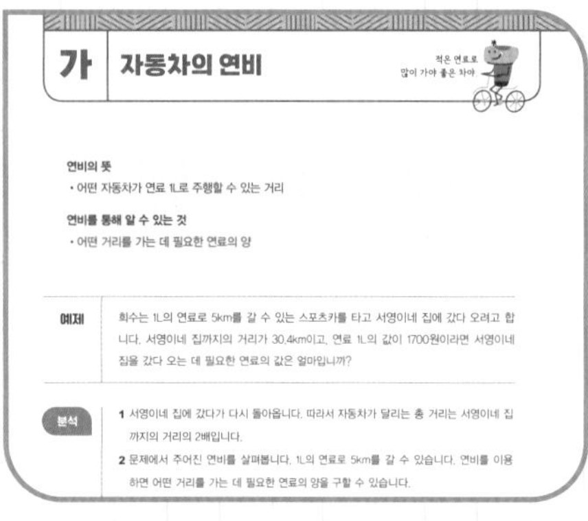

· 단원별 심화

가장 자주 나오는 심화개념으로 구성했습니다. 예제는 분석–개요–풀이 3단으로 구성되어, 심화개념의 핵심이 무엇인지 바로 알 수 있게 했습니다.

TIP 시간은 넉넉히 주고, 답지의 단계별 힌트를 참고하여 조금씩 힌트만 주는 방식으로 도와주세요.

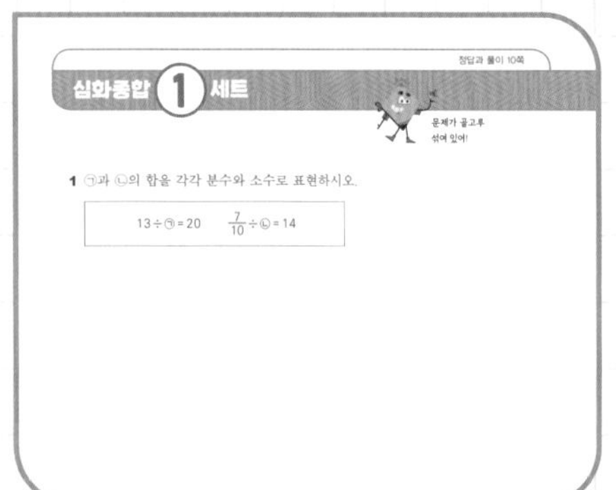

· 심화종합

단원별 심화를 푼 후, 모의고사 형식으로 구성된 심화종합 5세트를 풉니다. 앞서 배운 것들을 이리저리 섞어 종합한 문제들로, 뇌를 깨우는 '인터리빙' 방식으로 구성되어 있어요.

TIP 만약 아이가 특정 심화개념이 담긴 문제를 어려워한다면, 스스로 해당 개념이 나오는 단원을 찾아낸 후 이를 복습하게 지도하세요.

- **실력 진단 테스트**

한 학기 동안 열심히 공부했으니, 이제 내 실력이 어느 정도인지 확인할 때! 테스트 결과에 따라 무엇을 어떻게 공부해야 하는지 안내해요.

TIP 처음 하는 심화는 원래 어렵습니다. 결과에 연연하기보다는 책을 모두 푼 아이를 칭찬하고 격려해 주세요.

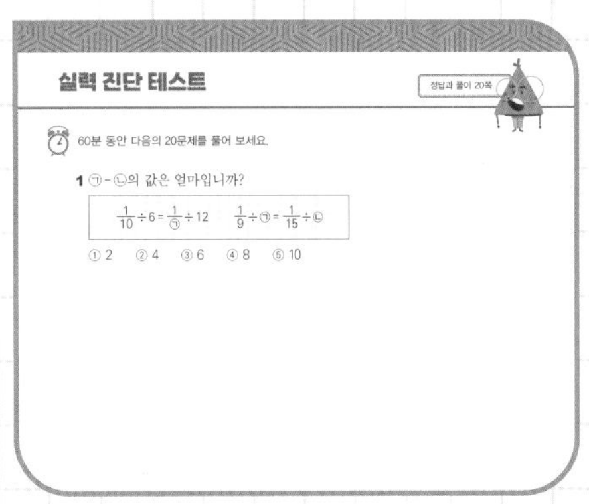

실력 진단 테스트

정답과 풀이 20쪽

60분 동안 다음의 20문제를 풀어 보세요.

1 ㉠-㉡의 값은 얼마입니까?

$\frac{1}{10}\div 6=\frac{1}{㉠}\div 12$ $\frac{1}{9}\div ㉠=\frac{1}{15}\div ㉡$

① 2 ② 4 ③ 6 ④ 8 ⑤ 10

- **단계별 힌트 방식의 답지**

처음부터 끝까지 풀이 과정만 적힌 일반적인 답지가 아니라, 문제를 풀 때 필요한 힌트와 개념을 단계별로 제시합니다.

TIP 1단계부터 차례대로 힌트를 주되, 힌트를 원한다고 무조건 주지 않습니다. 단계별로 1번씩은 다시 생각하라고 돌려보냅니다.

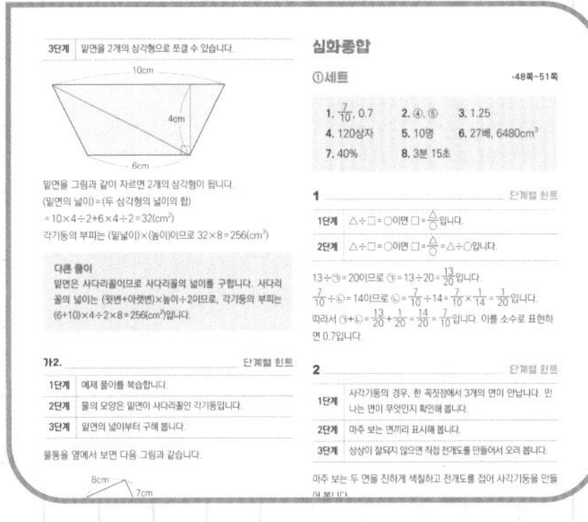

3단계	밑면을 2개의 삼각형으로 쪼갤 수 있습니다.

밑면을 그림과 같이 자르면 2개의 삼각형이 됩니다.
(밑면의 넓이)=(두 삼각형의 넓이의 합)
$=10\times4\div2+6\times4\div2=32(cm^2)$
각기둥의 부피는 (밑넓이)×(높이)이므로 $32\times8=256(cm^3)$

다른 풀이
밑면은 사다리꼴이므로 사다리꼴의 넓이를 구합니다. 사다리꼴의 넓이는 (윗변+아랫변)×높이÷2이므로, 각기둥의 부피는 $(6+10)\times4\div2\times8=256(cm^3)$입니다.

가2. 단계별 힌트

1단계	예제 풀이를 복습합니다.
2단계	물의 모양은 밑면이 사다리꼴인 각기둥입니다.
3단계	밑면의 넓이부터 구해 봅니다.

물통을 옆에서 보면 다음 그림과 같습니다.

심화종합

①세트 -48쪽~51쪽

1. $\frac{7}{10}$, 0.7 2. ④, ⑤ 3. 1.25
4. 120상자 5. 10명 6. 27배, 6480cm^3
7. 40% 8. 3분 15초

1 단계별 힌트

1단계	△÷□=○이면 □=$\frac{△}{○}$입니다.
2단계	△÷□=○이면 □=$\frac{△}{○}$=△÷○입니다.

13÷㉠=20이므로 ㉠=13÷20=$\frac{13}{20}$입니다.
$\frac{7}{10}\div㉡=14$이므로 $㉡=\frac{7}{10}\div14=\frac{7}{10}\times\frac{1}{14}=\frac{1}{20}$입니다.
따라서 $㉠+㉡=\frac{13}{20}+\frac{1}{20}=\frac{14}{20}=\frac{7}{10}$입니다. 이를 소수로 표현하면 0.7입니다.

2 단계별 힌트

1단계	사각기둥의 경우, 한 꼭짓점에서 3개의 면이 만납니다. 만나는 면이 무엇인지 확인해 봅니다.
2단계	마주 보는 면끼리 표시해 봅니다.
3단계	상상이 잘되지 않으면 직접 전개도를 만들어서 오려 봅니다.

마주 보는 두 면을 진하게 색칠하고 전개도를 접어 사각기둥을 만들어 봅니다.

이 순서대로 공부하세요

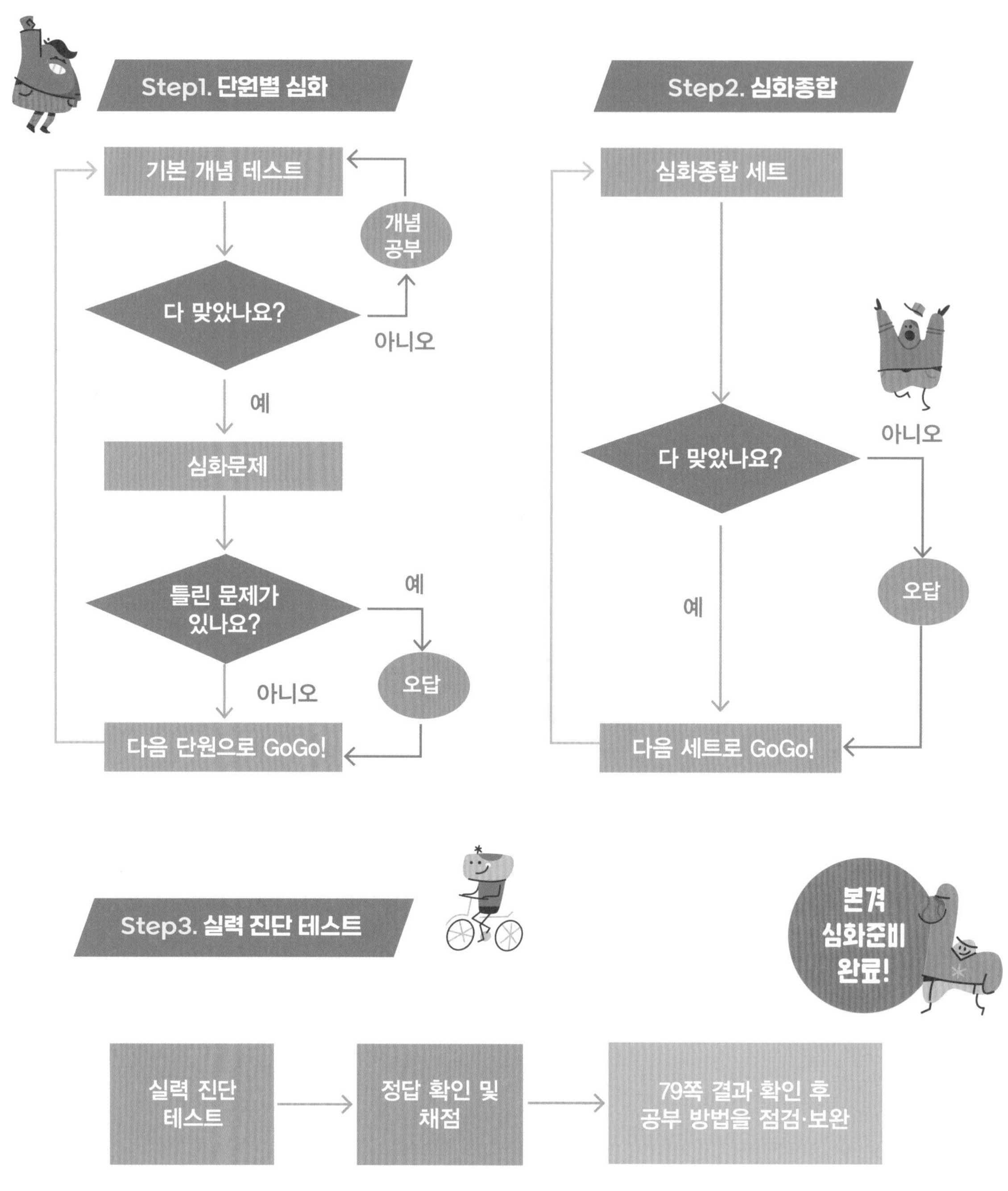

실력 진단 테스트 → 정답 확인 및 채점 → 79쪽 결과 확인 후 공부 방법을 점검·보완

단원별 심화

· 단원 ·

① 분수의 나눗셈

+ − × ÷ 기본 개념 테스트

아래의 기본 개념 테스트를 통과하지 못했다면,
교과서 · 개념교재 · 응용교재를 보며 이 단원을 다시 공부하세요!

1 $5 \div 2 = \frac{5}{2}$임을 그림을 이용하여 설명하세요.

2 $\frac{2}{3} \div 5 = \frac{2}{15}$임을 그림을 이용하여 설명하세요.

정답과 풀이 02쪽

3 $1\frac{2}{3} \div 4 = \frac{5}{12}$**임을 그림을 이용하여 설명하세요.**

가 여러 사람이 함께 하는 일(work) 문제

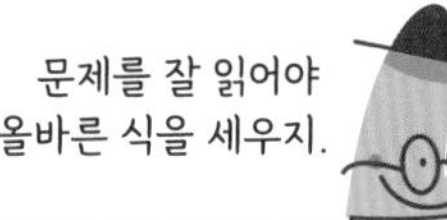

예제 어떤 일을 끝내는 데 은재가 혼자서 하면 8일이 걸리고, 은재와 대환이가 함께 하면 6일이 걸립니다. 대환이가 혼자서 하면 며칠이 걸리겠습니까? (단, 은재와 대환이가 하루 동안 하는 일의 양은 매일 같습니다.)

분석

1 전체 일의 양을 1로 놓고, 은재가 하루에 할 수 있는 일의 양을 먼저 구합니다.

2 은재와 대환이가 함께 할 때, 하루에 할 수 있는 일의 양을 구합니다.

3 대환이가 하루에 할 수 있는 일의 양을 구할 수 있습니다.

개요

일을 끝내는 시간: 은재는 8일, 은재+대환은 6일

→ 대환 혼자 걸리는 시간은?

풀이

전체 일의 양을 1이라고 놓고, 하루에 할 수 있는 일의 양을 분수로 표현합니다.

은재는 8일이 걸리므로 하루에 $1 \div 8 = \frac{1}{8}$만큼 할 수 있습니다.

은재와 대환이가 함께 일하면 6일이 걸리므로 하루에 $1 \div 6 = \frac{1}{6}$만큼 할 수 있습니다.

따라서 대환이가 하루에 할 수 있는 일의 양은 은재와 대환이가 하루에 함께 할 수 있는 일의 양에서 은재가 혼자 하루에 할 수 있는 일의 양을 빼서 구합니다.

$\frac{1}{6} - \frac{1}{8} = \frac{1}{24}$입니다.

따라서 대환이는 이 일을 혼자서 끝내는 데 24일 걸립니다.

가 1 어떤 일을 끝내는 데 은재가 혼자서 하면 12일이 걸리고, 대환이가 혼자서 하면 6일이 걸립니다. 대환이와 은재가 함께 하면 며칠이 걸립니까? (단, 은재와 대환이가 하루 동안 하는 일의 양은 매일 같습니다.)

가 2 어떤 일을 끝내는 데 은재가 혼자서 하면 12일이 걸리고, 은재와 대환이가 함께 하면 8일이 걸립니다. 은재가 혼자서 3일 동안 하고 나머지를 대환이가 혼자서 하면 일을 끝내는 데 총 며칠이 걸립니까? (단, 은재와 대환이가 하루 동안 하는 일의 양은 매일 같습니다.)

기계가 하는 일의 양 문제

예제

어떤 물건을 ㉮기계로 3시간 동안 $\frac{1}{5}$을 만들고 나머지를 ㉯기계가 6시간 동안 만들어 완성했습니다. ㉮기계와 ㉯기계로 이 물건을 동시에 만들었다면 몇 시간이 걸렸겠습니까? (단, 기계가 물건을 만드는 속도는 일정합니다.)

분석

1 물건을 1로 놓고, ㉮기계와 ㉯기계가 각각 1시간 동안 만들 수 있는 양을 구합니다.

2 ㉮기계로 $\frac{1}{5}$을 만들었으므로 ㉯기계가 만든 양은 $1-\frac{1}{5}=\frac{4}{5}$입니다.

3 ㉮기계가 1시간 동안 만들 수 있는 양은 3시간 동안 만들 수 있는 양을 3으로 나누어 구할 수 있습니다. ㉯기계가 1시간 동안 만들 수 있는 양도 마찬가지 방식으로 구할 수 있습니다.

4 ㉮기계와 ㉯기계로 1시간 동안 만들 수 있는 양을 구해 봅니다.

개요

물건 만드는 속도: ㉮기계는 3시간 동안 $\frac{1}{5}$, ㉯기계는 6시간 동안 $\frac{4}{5}$

(㉮기계)+(㉯기계) 합쳐서 총 몇 시간 걸리나?

풀이

㉮기계는 3시간 동안 $\frac{1}{5}$을 만듭니다. 따라서 1시간 동안 $\frac{1}{5}\div3=\frac{1}{15}$을 만듭니다.

㉯기계는 6시간 동안 $\frac{4}{5}$을 만듭니다. 따라서 1시간 동안 $\frac{4}{5}\div6=\frac{4}{30}$를 만듭니다.

따라서 ㉮기계와 ㉯기계로 1시간 동안 만들 수 있는 양은

$\frac{1}{15}+\frac{4}{30}=\frac{2}{30}+\frac{4}{30}=\frac{6}{30}=\frac{1}{5}$입니다.

㉮기계와 ㉯기계로 동시에 만들 때 1시간당 $\frac{1}{5}$을 만들 수 있으므로 다 만드는 데 총 5시간이 걸립니다.

나 1 어떤 물건을 만들 때 ㉮기계는 4시간 동안 전체 물건의 $\frac{1}{3}$을 만들 수 있고, ㉯기계는 6시간 동안 전체 물건의 $\frac{1}{4}$을 만들 수 있습니다. ㉮기계와 ㉯기계로 동시에 만든다면 몇 시간이 걸리겠습니까?

나 2 어떤 물건을 ㉮기계로 4시간 동안 $\frac{1}{3}$을 만들고, 나머지를 ㉯기계가 6시간 동안 만들어 완성했습니다. 이 물건을 ㉮기계와 ㉯기계로 동시에 만든다면 36시간 동안 몇 개를 만들 수 있습니까?

다 욕조에 채워지는 물, 빠져나가는 물

예제

마개가 없어졌겠지.

어떤 욕조의 배수구를 막고 수도를 틀어 물을 채우면 가득 차는 데 15분이 걸립니다. 배수구를 열고 8분 동안 물을 채우다가, 배수구를 막고 물을 채우면 가득 차는 데 17분이 걸립니다. 만일 물이 가득 찬 이 욕조의 배수구를 열면 물이 다 빠져나가는 데 몇 분이 걸리겠습니까? (단, 수도에서 나오는 물의 양과 배수구로 빠져나가는 물의 양은 항상 일정합니다.)

분석

1 물의 양을 1로 놓고, 배수구를 막고 1분 동안 채울 수 있는 물의 양을 계산합니다.

2 배수구를 열고 8분 동안 채우다가 배수구를 막고 물을 채워서 17분이 걸렸습니다. 8분 동안 빠져나간 물의 양은 17분 동안 들어간 물을 이용해 구할 수 있습니다.

3 8분 동안 빠져나간 물의 양을 알면 1분 동안 빠져나가는 물의 양을 알 수 있습니다.

개요

물이 채워지는 시간: 배수구를 막고 15분, 배수구를 열고 8분+배수구를 막고 17−8=9(분)

물이 가득 찬 욕조에서 물이 다 빠지는 데 걸리는 시간은?

풀이

1 배수구를 막고 물을 채우는 데 15분이 걸렸으므로 배수구를 막으면 1분에 $\frac{1}{15}$씩 물을 채울 수 있습니다.

2 8분 동안 배수구를 열고 물을 채우고, 9분 동안 배수구를 막고 물을 채워서 총 17분이 걸렸습니다.

따라서 17분 동안 $\frac{1}{15}\times17=\frac{17}{15}$만큼 물이 들어갔는데, 물의 양은 1이므로 배수구를 통해 $\frac{17}{15}-1=\frac{2}{15}$만큼 물이 빠져나갔다는 것을 알 수 있습니다.

물은 8분 동안 빠져나갔으므로, 배수구를 통해 1분에 $\frac{2}{15}\div8=\frac{1}{60}$씩 물이 빠져나갔습니다.

3 배수구를 통해 1분에 $\frac{1}{60}$씩 빠져나가므로, 물이 가득 찬 욕조에서 물이 다 빠지는 데 60분이 걸립니다.

다 1 어떤 욕조의 배수구를 막고 수도를 틀어 물을 채우면 가득 차는 데 12분, 배수구를 막고 4분간 물을 채운 후 배수구를 열고 물을 채우면 가득 차는 데 16분이 걸립니다. 배수구를 열고 물을 채우면 가득 차는 데 몇 분이 걸립니까? (단, 수도에서 나오는 물의 양과 배수구로 빠져나가는 물의 양은 항상 일정합니다.)

다 2 어떤 욕조의 배수구를 막고 수도를 틀어 물을 채우면 가득 차는 데 15분, 배수구를 열고 물을 채우면 가득 차는 데 20분 걸립니다. 배수구를 열고 8분간 물을 채운 후, 배수구를 막고 물을 채우면 가득 차는 데 총 몇 분이 걸립니까? (단, 수도에서 나오는 물의 양과 배수구로 빠져나가는 물의 양은 항상 일정합니다.)

· 단원 ·

② 각기둥과 각뿔

기본 개념 테스트

아래의 기본 개념 테스트를 통과하지 못했다면,
교과서 · 개념교재 · 응용교재를 보며 이 단원을 다시 공부하세요!

1 각기둥을 그리고, 각기둥의 뜻과 구성요소를 설명하세요.

2 각기둥과 각뿔의 면의 수, 모서리의 수, 꼭짓점의 수는 밑면의 모양에 따라 어떻게 달라집니까? 예를 들어 설명하세요.

3 각기둥의 전개도의 뜻과 특징을 설명하세요.

영역 : **도형**

정답과 풀이 02쪽

4 각뿔을 그리고, 각뿔의 뜻과 구성요소를 설명하세요.

5 각뿔의 면의 수, 모서리의 수, 꼭짓점의 수는 밑면의 모양에 따라 어떻게 달라집니까? 예를 들어 설명하세요.

가 각기둥과 각뿔의 성질

예제 밑면의 모양이 동일한 각기둥과 각뿔이 있습니다. 각기둥의 모서리의 수가 15개일 때, 각뿔의 면의 수를 구하시오.

분석

1 각기둥의 모서리 수를 통해 밑면의 모양을 구합니다.

(각기둥의 모서리 수)=(밑면 하나의 모서리 수)×3입니다.

2 밑면의 모양에 따라 각뿔의 면의 수가 어떻게 달라지는지 기본 개념을 떠올려 봅니다.

(각뿔의 면의 수)=(밑면의 모서리 수)+1입니다.

풀이

1 (각기둥의 모서리 수)=(밑면 하나의 모서리 수)×3이므로 밑면 하나의 모서리 수를 □라 하고 식을 세워 봅니다.

3×□=15

→ □=5

밑면 하나의 모서리 수가 5이므로 밑면은 오각형입니다.

따라서 각기둥은 오각기둥, 각뿔은 오각뿔입니다.

2 (각뿔의 면의 수)=(밑면의 모서리 수)+1입니다.

따라서 오각뿔의 면의 수는 5+1=6(개)입니다.

정답과 풀이 06쪽

밑면의 모양이 동일한 각기둥과 각뿔이 있습니다. 각뿔의 모서리의 수가 16개일 때, 각기둥의 면의 수를 구하시오.

밑면의 모양이 동일한 각기둥과 각뿔이 있습니다. 각기둥과 각뿔의 모서리 수의 합이 50개일 때, 각기둥과 각뿔의 면의 수의 합을 구하시오.

나 전개도 추론

예제 육각기둥 모양의 기름통에 노란 콩기름을 육각기둥 높이의 절반만큼 부었습니다. 콩기름이 닿은 부분을 기름통의 전개도에 표시하시오.

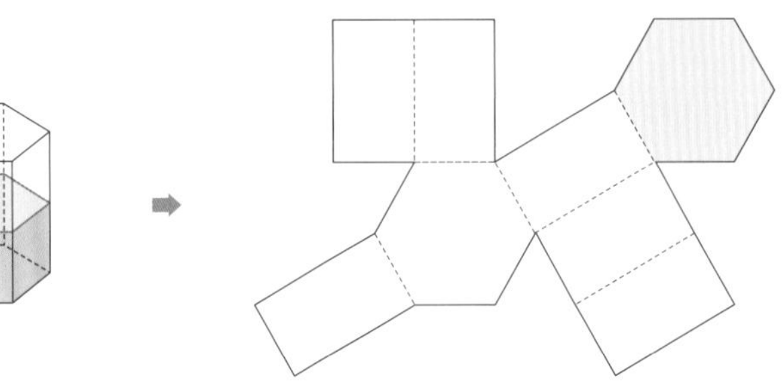

분석

1 전개도의 오른쪽 위가 노란 콩기름이 묻은 바닥입니다.

2 전개도를 복사 또는 그려서 오린 후 입체도형을 만들고 기름이 닿은 부분을 추론합니다.

풀이 전개도대로 접었을 때, 바닥이 되는 밑면에 맞닿는 옆면의 모서리를 찾은 후 그 기준대로 콩기름을 표시합니다.

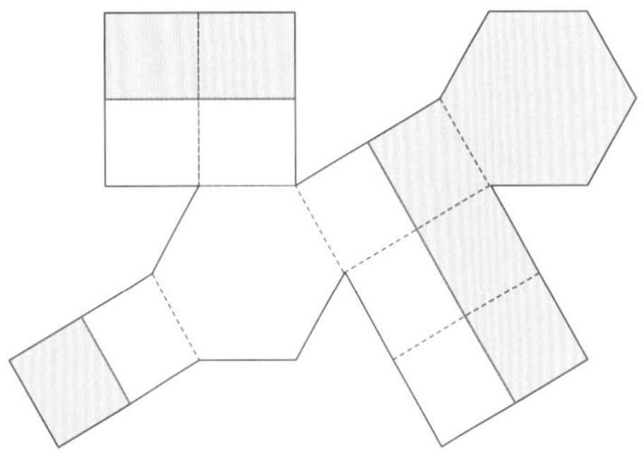

정답과 풀이 06쪽

나 1 오각기둥의 옆면을 따라 다음과 같이 빨간 선을 그었습니다. 오른쪽 전개도에 빨간 선이 지나가는 모양을 나타내시오.

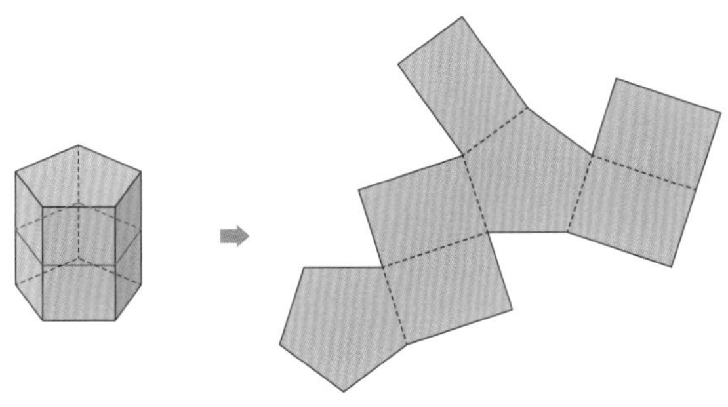

나 2 사각기둥에 물을 넣고 기울였더니 왼쪽 그림과 같이 되었습니다. 오른쪽 사각기둥의 전개도에 물이 닿은 부분을 색칠하시오.

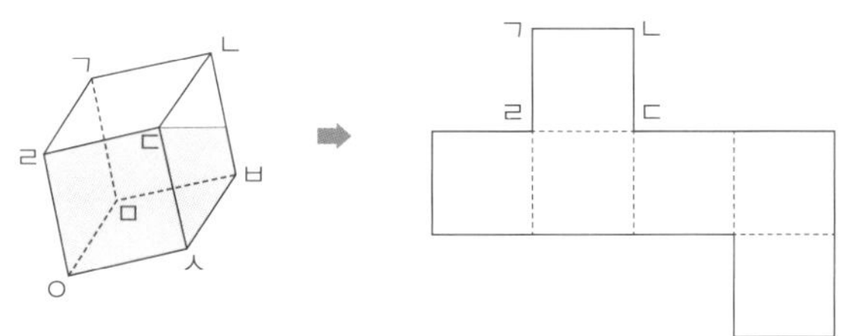

·단원·

③ 소수의 나눗셈

기본 개념 테스트

아래의 기본 개념 테스트를 통과하지 못했다면,
교과서·개념교재·응용교재를 보며 이 단원을 다시 공부하세요!

1 (1.35 ÷ 3)을 (135 ÷ 3)을 이용하여 계산하는 법을 설명하세요.

2 (35.05 ÷ 5)를 분수의 나눗셈을 이용하여 계산하는 법을 설명하세요.

3 (3÷4)를 분수의 나눗셈을 이용하는 방법과 (300÷4)를 이용하여 계산하는 법을 각각 설명하세요.

4 (16.38÷3)을 세로셈을 이용하여 계산하는 법을 설명하세요.

가 자동차의 연비

연비의 뜻

• 어떤 자동차가 연료 1L로 주행할 수 있는 거리

연비를 통해 알 수 있는 것

• 어떤 거리를 가는 데 필요한 연료의 양

예제 희수는 1L의 연료로 5km를 갈 수 있는 스포츠카를 타고 서영이네 집에 갔다 오려고 합니다. 서영이네 집까지의 거리가 30.4km이고, 연료 1L의 값이 1700원이라면 서영이네 집을 갔다 오는 데 필요한 연료의 값은 얼마입니까?

분석

1 서영이네 집에 갔다가 다시 돌아옵니다. 따라서 자동차가 달리는 총 거리는 서영이네 집까지의 거리의 2배입니다.

2 문제에서 주어진 연비를 살펴봅니다. 1L의 연료로 5km를 갈 수 있습니다. 연비를 이용하면 어떤 거리를 가는 데 필요한 연료의 양을 구할 수 있습니다.

3 연료 1L의 값이 1700원이므로 연료의 양을 구하면 가격도 구할 수 있습니다.

개요

1L당 5km를 가는 스포츠카, 서영이네 집 왕복, 연료값: 1L당 1700원
필요한 연료값은?

풀이

서영이네 집까지의 거리가 30.4km이므로 왕복한 거리는 $30.4\times2=60.8$km입니다.
5km를 가는 데 연료 1L가 필요합니다. 따라서 60.8km를 가는 데 필요한 연료의 양은 $60.8\div5=12.16$(L)입니다.
연료 1L의 값이 1700원이므로 연료 12.16L의 값은 $12.16\times1700=20672$(원)입니다.

정답과 풀이 07쪽

가 1 장호는 수학경시대회가 열리는 열심대학교에 엄마의 자동차를 타고 갔다가 시험을 치른 후 엄마의 자동차를 타고 집에 돌아왔습니다. 엄마의 자동차는 1L의 연료로 12km를 갈 수 있습니다. 집에서 열심대학교까지의 거리가 32.4km이고, 연료 1L의 값이 1500원이라면 엄마의 자동차가 사용한 연료의 값은 얼마입니까?

가 2 버스는 연료 1L로 6km를 갈 수 있고, 자가용은 연료 1L로 12.7km를 갈 수 있습니다. 버스로 130.8km 가는 데 필요한 연료의 절반만큼을 자가용에 넣으면 자가용은 몇 km를 갈 수 있습니까?

인터넷에
'연비가 좋은 차'를
검색해 봐.

나 기차와 터널

예제 1분에 400m씩 달리는 기차가 600m 길이의 터널을 통과하려고 합니다. 기차의 길이가 120m일 때, 기차가 터널을 완전히 통과하는 데 걸리는 시간과 터널에 들어가 보이지 않는 시간을 각각 구하시오. (단, 시간은 분 단위로 구하시오.)

분석

1 기차의 머리를 기준으로, 기차가 터널에 들어가기 시작해 완전히 빠져나오려면 터널 길이에 더해 자신의 몸통 길이만큼 더 달려야 합니다. 즉 기차가 터널을 완전히 통과하기까지 달리는 거리는 (터널의 길이)+(기차의 길이)입니다.

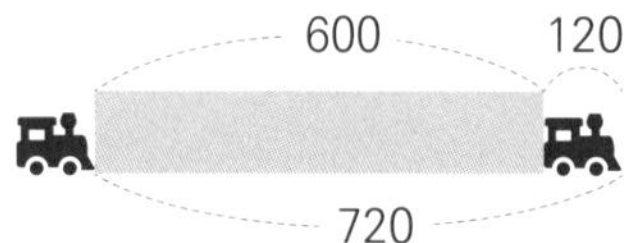

2 기차의 머리를 기준으로, 기차가 터널에 들어가 보이지 않으려면 기차가 터널에 완전히 들어간 순간부터 터널을 빠져나오기 직전까지 달립니다. 그동안 달리는 거리는 (터널의 길이)−(기차의 길이)입니다.

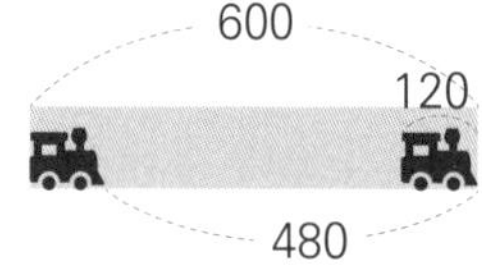

3 1분에 400m씩 가는 기차가 1200m를 가는 데 걸리는 시간은 1200÷400=3(분)입니다. 즉 움직인 거리를 걸린 시간당 이동 거리로 나누면 움직인 거리를 구할 수 있습니다.

풀이

1 기차가 터널을 통과하기 위해서는 (터널의 길이)+(기차의 길이)인 600+120=720(m)만큼 달려야 합니다. 기차는 1분에 400m를 달리므로 720m를 이동하는 데 걸리는 시간은 720÷400=1.8(분)입니다.

2 기차가 터널에 들어가서 보이지 않는 동안 달리는 거리는 (터널의 길이)−(기차의 길이)인 600−120=480(m)입니다. 기차는 1분에 400m를 달리므로 480m를 이동하는 데 걸리는 시간은 480÷400=1.2(분)입니다.

정답과 풀이 07쪽

나 1 1분에 400m씩 달리는 기차가 800m 길이의 터널을 통과하려고 합니다. 기차의 길이가 120m일 때, 기차가 터널을 완전히 통과하는 데 걸리는 시간은 몇 분 몇 초입니까?

나 2 1분에 400m씩 달리는 기차가 800m 길이의 터널을 통과하려고 합니다. 기차의 길이가 120m일 때, 기차가 터널에 들어가서 보이지 않는 시간은 몇 분 몇 초입니까?

· 단원 ·

④ 비와 비율

기본 개념 테스트

아래의 기본 개념 테스트를 통과하지 못했다면,
교과서 · 개념교재 · 응용교재를 보며 이 단원을 다시 공부하세요!

1 두 수를 뺄셈으로 비교하는 방법과 나눗셈으로 비교하는 방법을 예를 들어 설명하세요.

2 '비'의 뜻을 예를 들어 설명하세요.

3 5:3을 세 가지 방법으로 읽어 보세요.

정답과 풀이 04쪽

4 비율의 의미를 설명하세요.

5 실생활에 비율이 사용되는 예를 들어 보세요.

6 백분율의 뜻을 쓰고, 비율과 백분율과의 관계를 예를 들어 설명하세요.

7 실생활에 백분율이 사용되는 예를 들어 보세요.

가 속력(빠르기): 걸린 시간에 대한 이동 거리의 비율

속력 공식

(속력)$=\frac{\text{(거리)}}{\text{(시간)}}$ (거리)=(속력)×(시간) (시간)$=\frac{\text{(거리)}}{\text{(속력)}}$

시속, 분속, 초속

시속: 1시간을 단위로 하여 잰 속도로, 1시간 동안의 진행 거리로 나타냅니다.

분속: 1분을 단위로 하여 잰 속도로, 1분 동안의 진행 거리로 나타냅니다.

초속: 1초를 단위로 하여 잰 속도로, 1초 동안의 진행 거리로 나타냅니다.

예제 시속 3km로 2시간 동안 걸어서 갈 수 있는 거리를 자전거를 타고 시속 10km로 간다면 몇 분이 걸립니까?

분석

1 시속은 1시간당 갈 수 있는 거리를 뜻합니다.

2 (거리)=(속력)×(시간)입니다. 이 공식을 이용해 거리를 구해 봅니다.

3 (시간)$=\frac{\text{(거리)}}{\text{(속력)}}$입니다.

풀이

1 시속은 1시간에 갈 수 있는 거리를 뜻하므로, 1시간에 3km를 간다면 2시간에는 6km를 갑니다. 즉 시속 3km로 2시간 동안 갈 수 있는 거리는 3×2=6(km)입니다.

2 6km 거리를 시속 10km로 갈 때 걸리는 시간을 구해 봅니다. 시간은 $\frac{\text{(거리)}}{\text{(속력)}}$, 즉 (거리)÷(속력)입니다. 따라서 6km 거리를 시속 10km로 갈 때 걸리는 시간은 6÷10=0.6(시간)입니다. 시간을 분 단위로 고치면 0.6×60=36(분)입니다.

가 1 시헌이가 1시간에 100km를 가는 트럭을 타고 집에서 할머니 댁까지 가는 데 3시간이 걸렸습니다. 돌아올 때는 스포츠카를 타고 출발하여 똑같은 길로 움직여 2시간 만에 집에 도착했습니다. 스포츠카는 1시간에 몇 km를 이동한 셈입니까?

가 2 시속 3km로 10시간 동안 갈 수 있는 거리를 시속 8km로 달리면 얼마의 시간이 걸리는지 구하시오.

나 소금물 농도(진하기): 소금물의 양에 대한 소금의 비율

농도 공식

농도는 백분율로 나타냅니다.

$(\text{농도})=\dfrac{(\text{소금의 양})}{(\text{소금물의 양})}\times 100(\%)$ $(\text{소금의 양})=\dfrac{(\text{농도})}{100}\times(\text{소금물의 양})$

예제

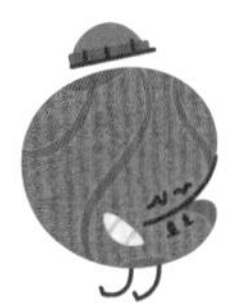

다음 물음에 답하시오.

1) 소금 30g을 물에 녹여 소금물 150g을 만들었습니다. 이 소금물에 물 50g을 더 넣었을 때, 소금물의 농도는 몇 퍼센트입니까?

2) 농도가 12%인 소금물 150g에 물 50g을 더 넣었을 때, 소금물의 농도는 몇 퍼센트입니까?

분석

1 소금의 양, 물의 양, 소금물의 양을 구합니다.

2 물을 더 넣어도 소금의 양은 변하지 않습니다.

풀이

1) 처음 소금물 150g에는 소금 30g이 녹아 있었습니다.
여기에 물을 50g 더 부었으므로 전체 소금물은 150+50=200(g)이 되었습니다.
하지만 소금의 양은 여전히 30g으로 변하지 않았습니다.
따라서 $(\text{소금물의 농도})=\dfrac{30}{200}\times 100=15(\%)$입니다.

2) 소금의 양을 먼저 구하고 농도를 구합니다.
$(\text{소금의 양})=\dfrac{(\text{농도})}{100}\times(\text{소금물의 양})$이므로, 농도 12%인 소금물 150g 안에 들어 있는 소금의 양은 $\dfrac{12}{100}\times 150=18(\text{g})$입니다.
이 소금물에 물 50g을 더 넣었을 때 전체 소금물은 200g이 됩니다. 여기에 녹아 있는 소금의 양은 변하지 않고 18g입니다.
따라서 $(\text{소금물의 농도})=\dfrac{18}{150+50}\times 100=9(\%)$입니다.

나 1 소금 30g을 녹여 소금물 150g을 만든 후, 물 50g을 증발시켜 100g으로 만들었습니다. 이 소금물의 농도는 몇 퍼센트입니까?

나 2 농도가 12%인 소금물 150g에서 물 50g을 증발시켜 100g으로 만들었습니다. 이 소금물의 농도는 몇 퍼센트입니까?

다 할인율: 원가, 정가, 할인가

가격 인상과 가격 할인의 공식

□원에서 △% 인상하는 경우: $\square\times(1+\frac{\triangle}{100})$

□원에서 △% 할인하는 경우: $\square\times(1-\frac{\triangle}{100})$

□원에서 △% 인상한 다음 ○% 할인하는 경우: $\square\times(1+\frac{\triangle}{100})\times(1-\frac{\bigcirc}{100})$

□원에서 △% 할인한 다음 ○% 인상하는 경우: $\square\times(1-\frac{\triangle}{100})\times(1+\frac{\bigcirc}{100})$

원가, 정가, 할인가

- 원가: 회사가 상품을 만들고 유통하고 홍보하는 데 필요한 모든 비용을 뜻합니다. 예를 들어 휴대폰 1대를 만드는 데 필요한 비용이 50만 원이라면 50만 원을 휴대폰의 원가라고 부릅니다.
- 정가: 회사가 정한 상품의 가격을 뜻합니다. 원가보다 정가를 높게 잡아야 이익이 생깁니다. 예를 들어 휴대폰 1대의 원가가 50만 원인 경우, 20%의 이익을 붙이면 정가는 60만 원이 됩니다.
- 할인가: 정가보다 낮춘 가격을 뜻합니다. 예를 들어 휴대폰이 팔리지 않아 10% 할인하여 정가의 90% 가격으로 파는 것입니다. 할인가는 정가보다는 낮지만, 일반적으로 손해를 보지 않기 위해 원가보다는 높은 가격으로 정합니다.

  예) 원가가 50만 원인 휴대폰에 20%의 이익을 붙여 정가를 정했습니다. 상품이 팔리지 않자 10% 할인을 하여 할인가를 정했습니다.

  원가: 500000원

  정가: $500000\times(1+\frac{20}{100})=500000\times1.2=600000$(원)

  할인가: $600000\times(1-\frac{10}{100})=600000\times0.9=540000$(원)

예제 열심슈퍼마켓 직원 정환이는 정가 1000원짜리 과자 가격을 다양하게 계산해 보았습니다. 다음의 과자 가격을 구하시오.

1) 30% 올렸을 때

2) 30% 내렸을 때

3) 30% 올리고, 다시 20% 올렸을 때

4) 30% 내리고, 다시 20%를 내렸을 때

5) 30% 올린 후, 20%를 내렸을 때

6) 30% 내린 후, 20%를 올렸을 때

분석

1 가격을 인상할 때 쓰는 공식은 $\square\times(1+\frac{\triangle}{100})$입니다.

2 가격을 할인할 때 쓰는 공식은 $\square\times(1-\frac{\triangle}{100})$입니다.

3 가격을 한 번 올린 후 다시 올리려면, 두 번째 올릴 때는 이미 올라간 가격을 기준으로 계산해야 합니다. 즉 △%만큼 올린 후 다시 ○%를 올릴 때는 $\square\times(1+\frac{\triangle+\bigcirc}{100})$가 아닌 $\square\times(1+\frac{\triangle}{100})\times(1+\frac{\bigcirc}{100})$로 계산해야 합니다.

4 가격을 한 번 내린 후 다시 내리려면, 두 번째 내릴 때는 이미 내려간 가격을 기준으로 계산해야 합니다. 즉 △%만큼 내린 후 다시 ○%를 내릴 때는 $\square\times(1-\frac{\triangle+\bigcirc}{100})$가 아닌 $\square\times(1-\frac{\triangle}{100})\times(1-\frac{\bigcirc}{100})$로 계산해야 합니다.

풀이

1) 30% 인상했을 때의 가격

$1000\times(1+\frac{30}{100})=1000\times1.3=1300$(원)

2) 30% 할인했을 때의 가격

$1000\times(1-\frac{30}{100})=1000\times0.7=700$(원)

3) 30% 올리고, 다시 20%를 올렸을 때의 가격

$1000\times(1+\frac{30}{100})\times(1+\frac{20}{100})=1000\times1.3\times1.2=1560$(원)

4) 30% 내리고, 다시 20%를 내렸을 때의 가격

$1000\times(1-\frac{30}{100})\times(1-\frac{20}{100})=1000\times0.7\times0.8=560$(원)

5) 30% 올린 후, 20%를 내렸을 때의 가격

$1000\times(1+\frac{30}{100})\times(1-\frac{20}{100})=1000\times1.3\times0.8=1040$(원)

6) 30% 내린 후, 20%를 올렸을 때의 가격

$1000\times(1-\frac{30}{100})\times(1+\frac{20}{100})=1000\times0.7\times1.2=840$(원)

다 할인율: 원가, 정가, 할인가

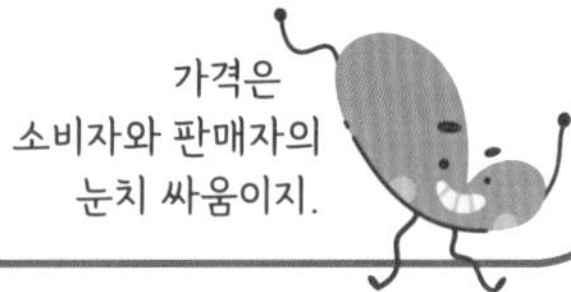

다 1 거북칩의 가격은 1000원입니다. 거북칩의 인기가 높아지자 거북칩을 만든 회사는 거북칩의 가격을 20% 인상하였습니다. 그럼에도 거북칩은 계속 잘 팔렸고, 회사는 가격을 다시 30% 인상했습니다. 그런데 너무 비싸지자 거북칩의 인기가 뚝 떨어졌습니다. 이에 회사는 거북칩의 가격을 50% 할인했습니다. 거북칩의 현재 가격은 얼마입니까?

다 2 원가가 1000원인 물건에 25%만큼의 이익을 붙여서 정가를 정했습니다. 그런데 물건이 팔리지 않아서 할인하려고 할 때, 손해를 보지 않으려면 정가의 최대 몇 %까지 할인하여 팔 수 있습니까?

다 3 동네 빵집에서 새로 개발한 구름빵이 불티나게 팔렸습니다. 그러자 빵집 주인은 처음 가격의 50%만큼 인상하였습니다. 그러자 사람들이 구름빵을 사먹지 않게 됐습니다. 결국 빵집 주인은 인상한 가격의 30%만큼 할인하였습니다. 할인된 가격이 1050원일 때, 구름빵의 처음 가격은 얼마입니까?

다 4 어느 회사의 생산량이 2019년에는 그전 해보다 20% 증가, 2020년에는 그전 해보다 50% 증가, 2021년에는 그전 해보다 30% 감소했습니다. 2018년에 비해 2021년의 생산량이 몇 % 증가 혹은 감소했는지 구하시오.

이자율: 원금에 대한 이자의 비율

이자와 이자율

이자란 돈(원금)을 은행에 예금한 대가로 은행에서 원금과 예금 기간에 비례하여 지급하는 돈을 말합니다. 이자율은 원금에 대한 이자의 비율로, 보통 퍼센트로 표시합니다.

$(\text{이자율})=\frac{(\text{이자})}{(\text{원금})}(\%)$　　(이자)=(원금)×(이자율)(원)

이자를 계산하는 기간

연이율은 1년마다 원금에 대한 이자를 계산하는 것을 뜻합니다.

월이율은 1개월마다 원금에 대한 이자를 계산하는 것을 뜻합니다.

원리합계

원리합계란 원금과 이자의 합계를 말합니다.

예) 연이율 10%인 은행에 100만 원을 예금했을 때 이자는 1000000×0.1=100000(원)이고, 원리합계는 1000000+100000=1100000(원)입니다.

예제	심화은행에서 연이율 30%짜리 예금 상품을 내놓았습니다. 철수는 이 상품에 200만 원을 예금했습니다. 1년 후에 받을 수 있는 이자와 원리합계를 계산하시오.

분석

1 연이율 30%는 1년 동안 원금의 30%를 이자로 준다는 뜻입니다.

2 (이자)=(원금)×(이자율)로 계산합니다.

3 원리합계는 원금과 이자를 합한 금액입니다.

풀이

1 철수가 1년 후에 받을 100만 원에 대한 이자는 1000000×0.3=300000(원)입니다.

2 원리합계는 원금 100만 원과 이자 30만 원을 합친 130만 원입니다.

정답과 풀이 08쪽

라 1 다음은 은행 두 군데에 같은 날 각각 예금한 금액과 1년 뒤에 찾은 금액입니다. 영은이는 이 표를 보고 두 은행 중 이자율이 더 높은 은행에 예금하려 합니다. 영은이는 어떤 은행을 선택해야 하며, 그 은행의 이자율은 얼마입니까? (단, 이자율은 연이율로 계산합니다.)

	예금한 금액(원금)	1년 뒤 찾은 금액(원리합계)
열심은행	50000원	51200원
수학은행	90000원	91620원

라 2 경인이는 은행에 60000원을 예금하여 1년 후에 62400원을 찾았습니다. 이 은행에 400000원을 예금하면 1년 후에 찾을 수 있는 돈은 모두 얼마입니까?

이자율은
높을수록 좋아.

·단원·

6 직육면체의 부피와 겉넓이

기본 개념 테스트

아래의 기본 개념 테스트를 통과하지 못했다면,
교과서 · 개념교재 · 응용교재를 보며 이 단원을 다시 공부하세요!

1 직육면체의 부피를 구하는 방법을 설명하세요.

2 부피의 단위인 $1cm^3$와 $1m^3$의 뜻을 설명하고, $1cm^3$와 $1m^3$의 관계를 설명하세요.

정답과 풀이 04쪽

3 직육면체와 정육면체의 겉넓이를 구하는 방법을 전개도를 이용하여 설명하세요.

가 각기둥의 부피

스포하자면 (밑넓이)×(높이)가 될 거야.

예제 직육면체의 부피를 구하는 공식을 이용하여 밑면이 평행사변형인 각기둥, 삼각기둥, 오각기둥의 부피를 구하는 방법을 설명하시오.

분석

1 직육면체의 부피를 구하는 공식을 이용해 각기둥의 부피를 구하는 공식을 만들어 봅니다.

2 각기둥의 밑면을 직사각형으로 만들어 봅니다.

3 직사각형으로 만들지 못하면 우선 삼각형으로 만들고, 삼각형을 평행사변형으로 만든 후, 평행사변형을 직사각형으로 만듭니다.

풀이

1 밑면이 평행사변형인 기둥의 부피를 구합니다.

밑면인 평행사변형을 자르고 붙여 직사각형으로 만듭니다.

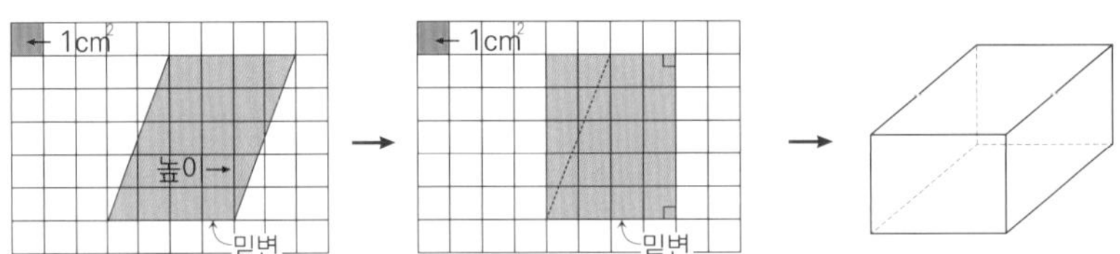

(평행사변형 기둥의 부피)=(직육면체의 부피)=(직사각형의 넓이)×(높이)

=(평행사변형의 넓이)×(높이)=(밑넓이)×(높이)

2 삼각기둥의 부피를 구합니다. 밑면인 삼각형을 2개 붙여 평행사변형으로 만든 후, 평행사변형 기둥의 부피 공식을 적용합니다. 삼각기둥의 부피는 평행사변형 기둥의 부피의 절반이므로 다음의 식이 성립합니다.

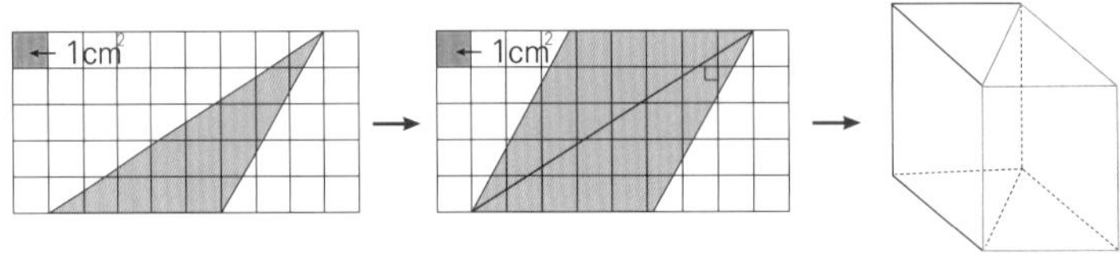

(삼각기둥의 부피)=$\frac{1}{2}$×(평행사변형 기둥의 부피)=$\frac{1}{2}$×(평행사변형의 넓이)×(높이)

=(삼각형의 넓이)×(높이)=(밑넓이)×(높이)

정답과 풀이 10쪽

3 오각기둥의 부피를 구합니다.

밑면을 3개의 삼각형으로 쪼개고, 각 삼각형의 넓이를 ㉠, ㉡, ㉢이라고 합니다.

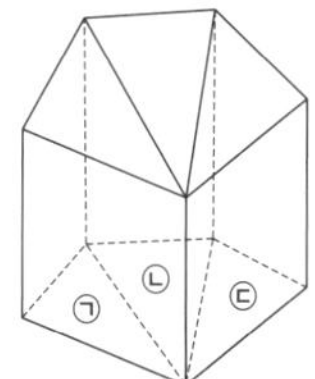

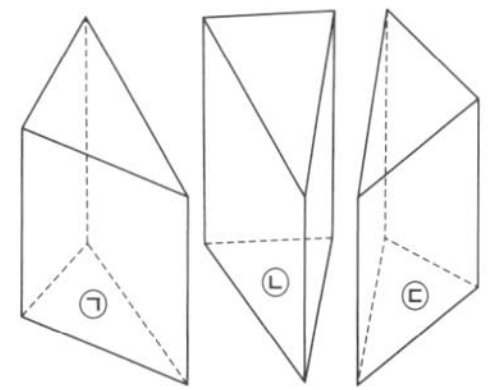

(오각기둥의 부피)=(3개의 삼각기둥의 부피의 합)=㉠×(높이)+㉡×(높이)+㉢×(높이)

=(㉠+㉡+㉢)×(높이)=(오각형의 넓이)×(높이)=(밑넓이)×(높이)

다음 각기둥의 부피를 구하시오.

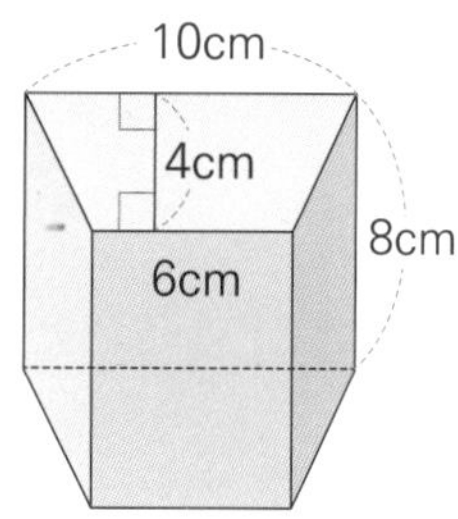

가 2 직육면체 모양의 물통에 다음 그림과 같이 물이 들어 있습니다. 물의 부피를 구하여라.

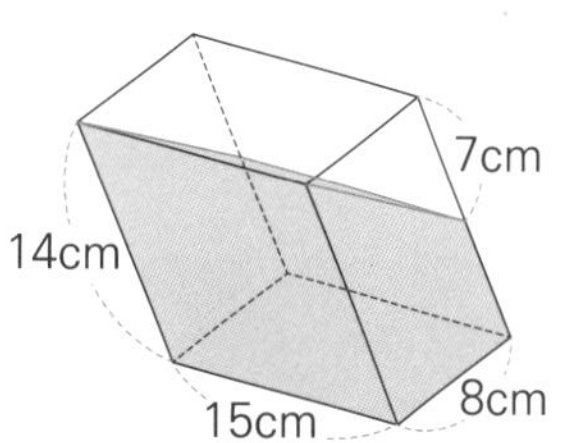

심화종합

1 ㉠과 ㉡의 합을 각각 분수와 소수로 표현하시오.

$13 \div ㉠ = 20 \qquad \frac{7}{10} \div ㉡ = 14$

2 다음의 전개도를 접어 사각기둥을 만들 때 ★과 만나는 점의 번호를 모두 쓰시오.

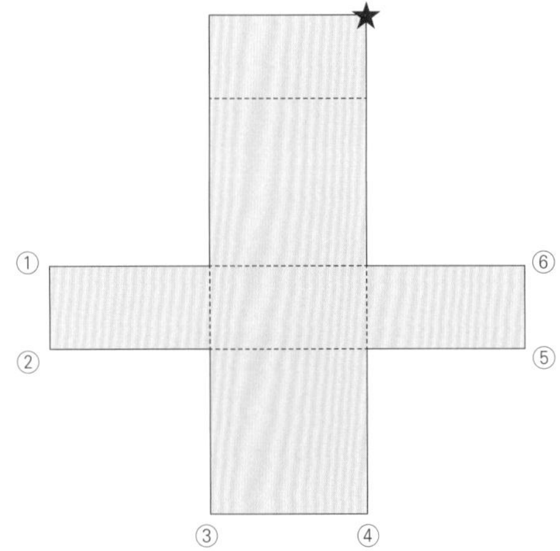

3 ㉠과 ㉡은 자연수입니다. ㉠을 ㉡으로 나누었을 때 가장 작은 몫이 얼마인지 구하려고 합니다. 풀이 과정을 쓰고 답을 구하시오. (단, 소수로 표현하시오.)

24.12 < ㉠ < 31.39   15.5 < ㉡ < 20.02

4 작년에 영수네 과수원의 귤과 사과의 수확량의 합은 360상자였고, 귤 수확량과 사과 수확량의 비는 4:11이었습니다. 올해 귤 수확량이 작년보다 25% 늘었다면 올해 귤 수확량은 몇 상자입니까?

심화종합 1 세트

5 언지네 학교 학생들이 좋아하는 과목을 조사하여 전체 길이가 10cm인 띠그래프에 나타냈습니다. 수학을 좋아하는 학생이 국어를 좋아하는 학생보다 10명 더 많을 때, 과학을 좋아하는 학생은 몇 명입니까?

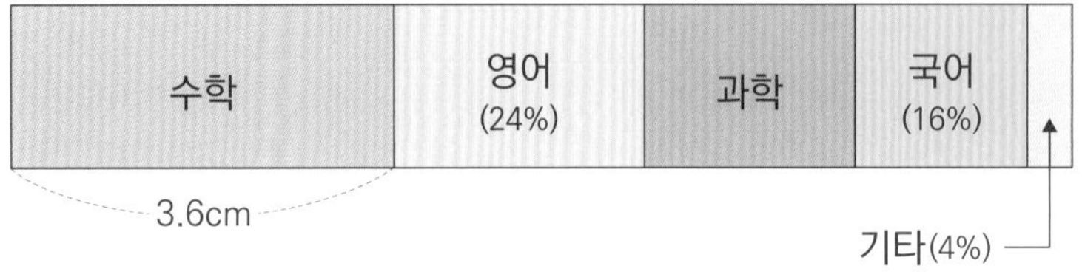

6 다음 직육면체의 모든 모서리의 길이를 각각 3배 늘였습니다. 늘인 직육면체의 부피는 처음 직육면체의 부피의 몇 배고, 몇 cm^3입니까?

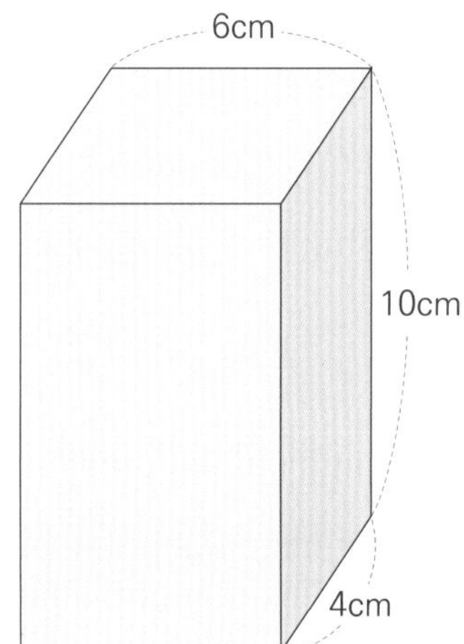

7 직사각형 모양의 종이를 선분 ㄱㅁ으로 접었습니다. 사각형 ㄱㄴㅁㅂ의 넓이가 직사각형 ㄱㄴㄷㄹ 넓이의 0.5일 때, 변 ㄹㄷ의 길이에 대한 변 ㅁㄷ의 길이의 비율을 백분율로 나타내시오.

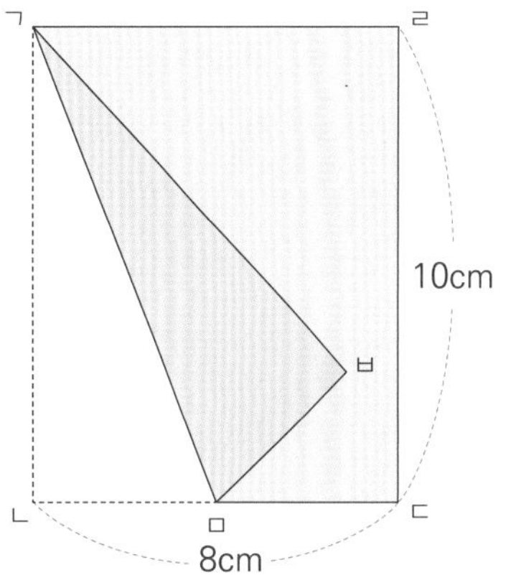

8 1분에 800m씩 가는 기차가 2.4km 길이의 터널을 통과하려고 합니다. 이 기차의 길이가 200m일 때, 기차가 터널에 진입한 순간부터 터널을 완전히 통과하는 데까지 몇 분 몇 초가 걸리겠습니까?

심화종합 2 세트

1 밑면의 모양이 정오각형인 각기둥의 모든 모서리의 길이의 합이 200cm입니다. 이 각기둥의 높이가 10cm일 때, 밑면의 한 변의 길이는 몇 cm입니까?

2 진하기가 2%인 소금물 100g과 14%인 소금물 200g을 섞어 소금물 300g을 만들었습니다. 섞어 만든 소금물 300g의 진하기를 구하시오.

3 무게가 똑같은 책 15권이 들어 있는 상자의 무게가 32.33kg입니다. 여기서 책 10권을 꺼낸 후 다시 상자의 무게를 재어 보니 12.13kg이었습니다. 빈 상자에 같은 책을 1권 넣고 무게를 재면 몇 kg입니까?

4 어느 초콜릿 공장의 11월 판매량은 10월 판매량보다 50% 줄었고, 12월 판매량은 11월 판매량보다 20% 줄었습니다. 12월 판매량이 800개라면 10월 판매량은 몇 개입니까?

심화종합 2 세트

5 그림 그리기 대회에 참가한 학년별 학생 수를 나타낸 원그래프입니다. 참가한 학생 중 5학년 또는 6학년인 학생의 백분율이 70%일 때, 6학년 학생의 백분율은 전체의 몇 %인지 풀이 과정을 쓰고 답을 구하시오.

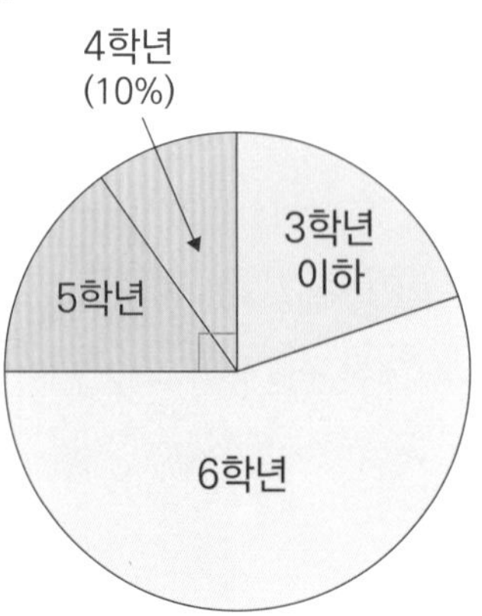

6 가로 30cm, 세로 20cm인 직사각형 모양의 종이가 있습니다. 다음 그림과 같이 네 귀퉁이에서 한 변의 길이가 4cm인 정사각형만큼을 오려낸 후 접어서 상자 모양을 만들었습니다. 상자의 부피는 몇 cm^3인지 풀이 과정을 쓰고 답을 구하시오.

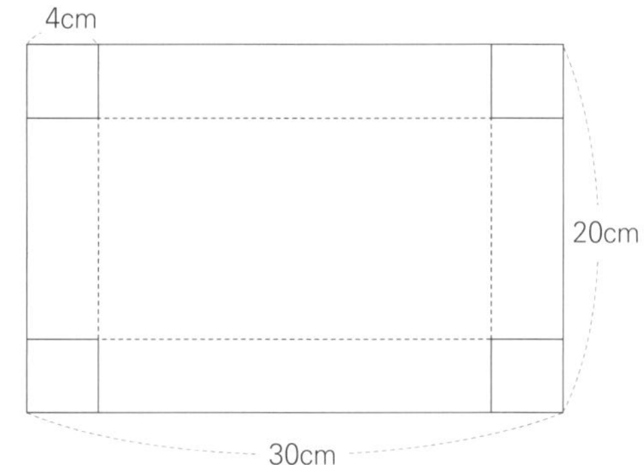

7 1분에 $4\frac{1}{3}$km씩 가는 ㉠기차와 1분에 $2\frac{2}{3}$km씩 가는 ㉡기차가 같은 지점에서 동시에 반대 방향으로 출발했습니다. 두 기차 사이의 거리가 $12\frac{5}{6}$km가 되었을 때는 출발한 지 몇 분 몇 초 후입니까? (단, 두 기차의 빠르기는 각각 일정합니다.)

8 다음 그림과 같이 삼각기둥의 꼭짓점 ㄱ에서 점 ㅇ과 점 ㅅ을 지나 꼭짓점 ㄹ까지 선으로 연결하였습니다. 연결한 선의 길이가 가장 짧을 때의 선분 ㄴㅇ의 길이를 구하시오.

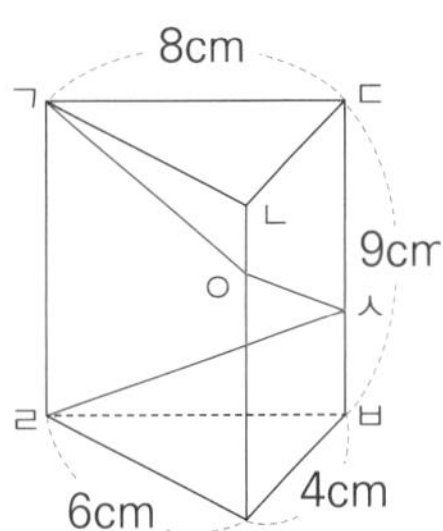

심화종합 3 세트

잘 모르겠으면, 앞의 단원으로 돌아가서 복습!

1 무게가 같은 귤 36개가 들어 있는 상자의 무게를 재어 보니 $4\frac{1}{2}$kg이었습니다. 상자에서 귤 26개를 꺼내 먹은 후 다시 상자의 무게를 재어 보니 $2\frac{1}{3}$kg이었다면 귤 1개의 무게는 몇 kg입니까?

2 어떤 각뿔을 밑면과 평행하게 잘라서 두 개의 입체도형으로 나누었습니다. 둘 중 면의 수가 더 많은 입체도형의 모서리의 수가 18개일 때, 나머지 입체도형의 모서리의 수는 몇 개입니까?

3 A 자동차는 연료 1L로 8km를 갈 수 있고, B 자동차는 연료 1L로 5km를 갈 수 있습니다. A 자동차로 670km를 가는 데 필요한 연료의 $\frac{1}{5}$만큼을 B 자동차에 넣으면, B 자동차는 넣은 연료로 몇 km를 갈 수 있습니까?

4 신발 가게에서 어떤 신발을 작년 가격에서 20% 할인하여 72000원에 판매하였습니다. 이 신발의 작년 가격은 얼마입니까?

정답과 풀이 14쪽

심화종합 3 세트

5 수연이는 어제 책꽂이에 있는 책을 분류하여 다음의 띠그래프로 만들었습니다. 그런데 수연이가 오늘 소설책 12권을 더 사서 책꽂이에 꽂았더니, 소설책 수가 학습만화 수의 4배가 되었습니다. 오늘 수연이의 책꽂이에 있는 책은 모두 몇 권입니까?

소설책 (40%)	위인전 (24%)	학습만화 (16%)	기타(8%)

6 다음 그림과 같은 직육면체 모양의 상자 여러 개를 쌓아 정육면체 모양을 만들려고 합니다. 만들 수 있는 가장 작은 정육면체의 부피는 몇 cm^3입니까?

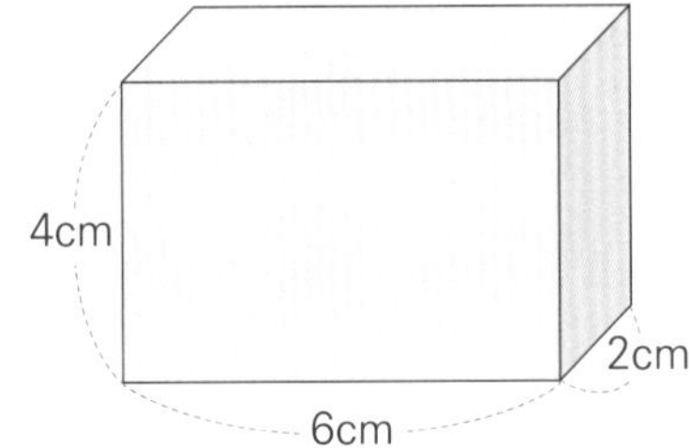

7 어떤 정사각형의 가로를 0.5배, 세로를 6배 늘여 새로운 직사각형을 그렸더니 넓이가 정사각형의 처음 넓이보다 9.22cm^{2}만큼 커졌습니다. 어떤 정사각형의 넓이는 몇 cm^{2}입니까?

8 진하기가 10%인 소금물 400g에 물을 부었더니 소금물의 진하기가 2%가 되었습니다. 부은 물은 몇 g입니까?

심화종합 4 세트

1 한 모서리의 길이가 2cm인 쌓기나무 6개를 붙여서 다음과 같은 모양의 입체도형을 만들었습니다. 이 입체도형의 겉넓이를 구하시오.

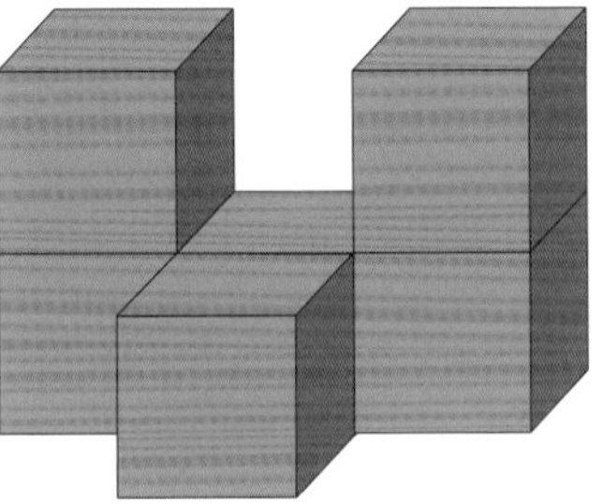

2 여름방학 직전에 어느 초등학교의 남학생과 여학생의 수의 비는 7:10이었습니다. 그런데 여름방학 때 남학생 몇 명이 전학을 갔고, 8월에 개학을 했더니 남학생과 여학생 수의 비가 6:11이 되었습니다. 현재 전체 학생은 340명일 때, 여름방학 때 전학을 간 남학생은 몇 명입니까? (단, 여학생은 1명도 전학을 가지 않았고 전학을 온 학생도 없습니다.)

3 9÷11의 몫을 소수로 나타내려고 합니다. 소수 19번째 자리 숫자를 구하시오.

4 한 변의 길이가 10cm인 정사각형을 밑면으로 하는 사각기둥이 있습니다. 이 사각기둥의 모든 모서리의 길이의 합은 192cm입니다. 이 사각기둥의 높이는 몇 cm입니까?

심화종합 4 세트

5 어떤 일을 승우와 지수가 함께 이틀 동안 하면 전체 일의 $\frac{1}{2}$을 할 수 있고, 이 일을 승우가 처음부터 혼자서 하면 5일 만에 끝낼 수 있다고 합니다. 이 일을 지수가 혼자서 하면 며칠 만에 끝낼 수 있습니까? (단, 두 사람이 하루 동안 하는 일의 양은 각각 일정합니다.)

6 직육면체 모양의 어항에 물을 가득 채우고 그림처럼 어항을 기울였더니 물의 일부가 흘러넘쳤습니다. 남은 물의 부피는 몇 cm^3입니까? (단, 어항의 두께는 생각하지 않습니다.)

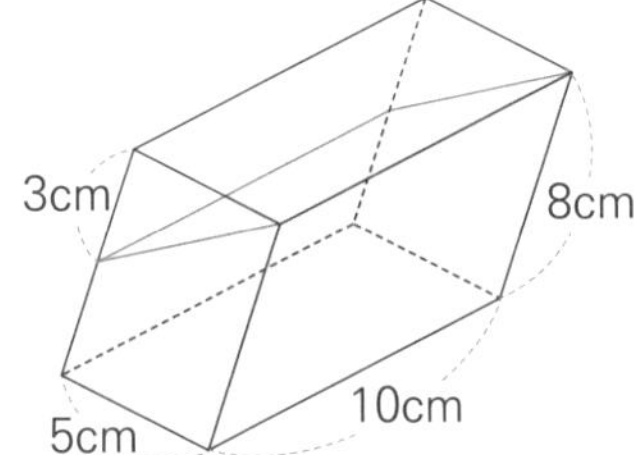

7 둘레가 1km 428m인 운동장이 있습니다. 지환이와 준형이가 같은 지점에서 동시에 출발하여 서로 만날 때까지 반대 방향으로 걷기로 했습니다. 지환이는 2분 동안 200.2m를 걷고, 준형이는 3분 동안 203.7m를 걷습니다. 두 사람은 출발한 지 몇 분 몇 초 후에 만나게 됩니까? (단, 지환이와 준형이가 걷는 빠르기는 각각 일정합니다.)

8 사각기둥을 면 ㄱㄴㄷ을 따라 잘라서 두 개의 입체도형을 만들었습니다. 이때 생기는 두 입체도형의 면의 수의 차를 구하시오.

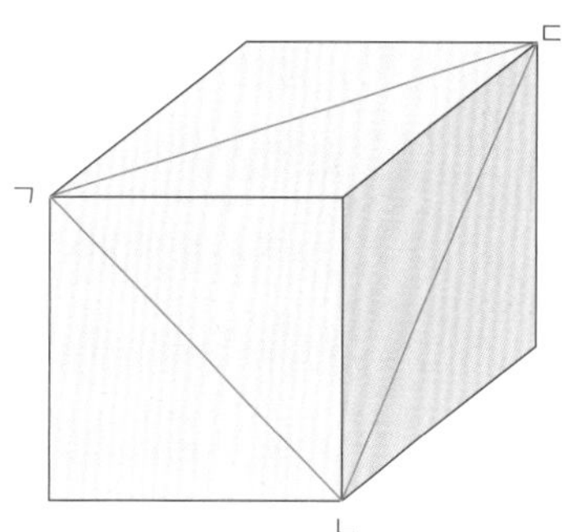

심화종합 5 세트

1 △를 보기와 같이 약속할 때 다음 식을 계산하려고 합니다. 풀이 과정을 쓰고 답을 구하시오.

〈보기〉 ㉠△㉡$=\frac{㉡}{㉠\times㉠}$	$3△(2△3\frac{1}{2})=?$

2 다음 그림은 사각기둥의 네 꼭짓점 부분을 삼각뿔 모양만큼 잘라내고 남은 입체도형입니다. 이 입체도형의 꼭짓점의 수는 잘라내기 전보다 몇 개 더 많습니까?

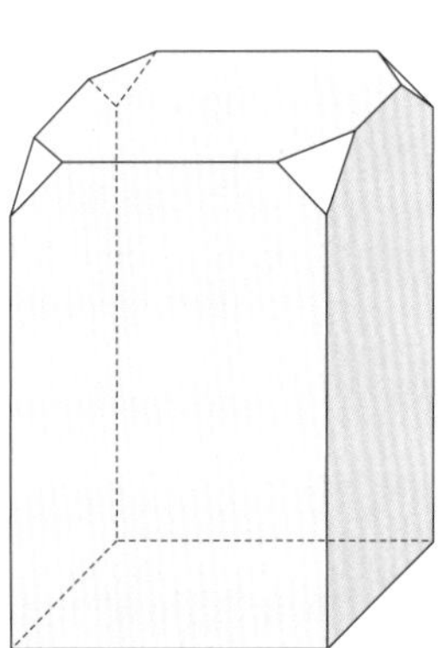

3 다음과 같이 정사각형을 4등분하여 2칸을 칠하는 규칙을 반복하고 있습니다. 처음 정사각형의 넓이가 400cm²일 때, 세 번째 모양에 색칠된 부분의 넓이는 몇입니까?

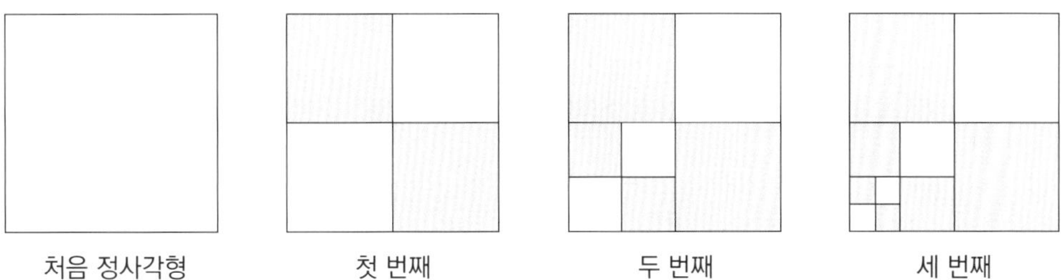

4 다음 직육면체의 높이는 10cm이고 빗금 친 면의 가로와 세로의 길이의 합은 10cm입니다. 이 직육면체의 겉넓이가 248cm²일 때, 빗금 친 면의 넓이는 몇 cm²입니까?

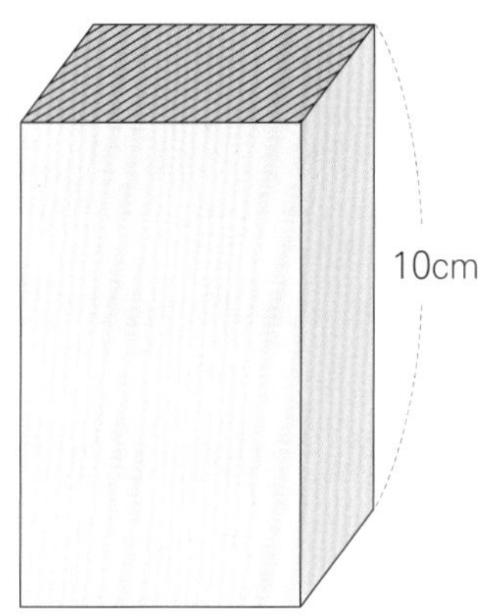

심화종합 5 세트

5 치즈 무게의 50%, 브로콜리 무게의 90%는 각각 수분입니다. 다음은 수분을 뺀 부분의 영양 성분을 나타낸 원그래프입니다. 치즈 300g을 먹었을 때 섭취할 수 있는 단백질의 양과 같은 양의 단백질을 브로콜리로 섭취하려면 브로콜리를 몇 kg 먹어야 합니까?

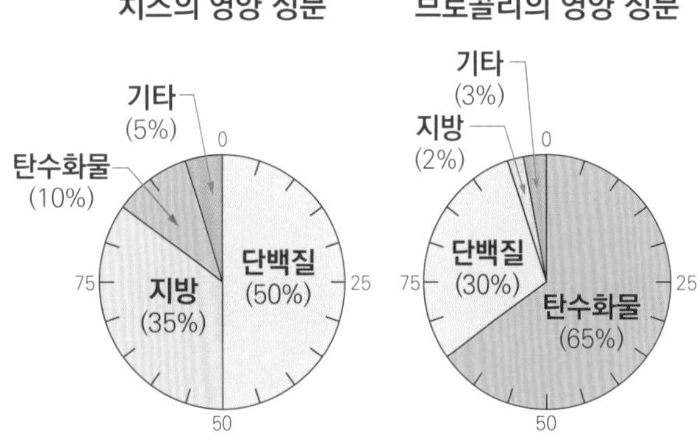

6 다음 그림과 같이 정사각형을 크기가 같은 3개의 직사각형으로 나누었습니다. 색칠한 부분의 둘레가 $1\frac{7}{9}$cm일 때, 정사각형의 둘레는 몇 cm입니까?

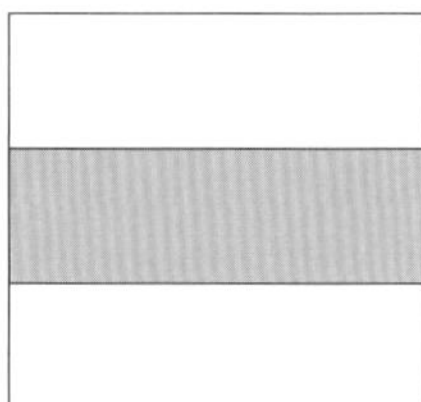

7 떨어진 높이의 50%만큼 다시 튀어 오르는 공이 있습니다. 이 공을 16m의 높이에서 떨어뜨렸을 때, 세 번째로 튀어 오른 높이는 몇 m입니까?

8 다음 직육면체를 빨간색 선을 따라 작은 직육면체들로 자르면 자르기 전과 비교하여 겉넓이가 몇 cm^2 늘어납니까?

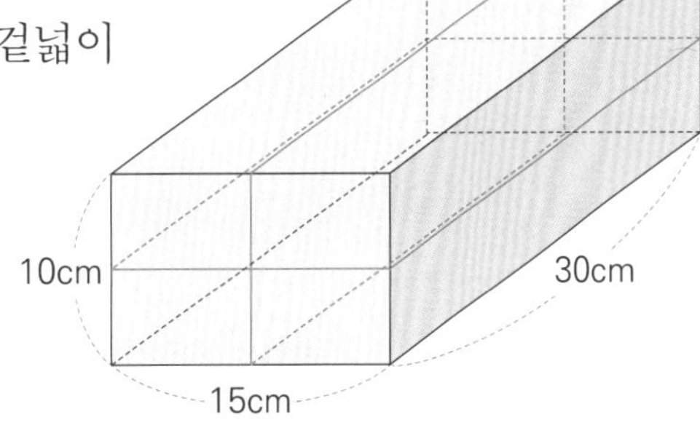

실력 진단 테스트

실력 진단 테스트

정답과 풀이 20쪽

60분 동안 다음의 20문제를 풀어 보세요.

1 ㉠-㉡의 값은 얼마입니까?

$$\frac{1}{10} \div 6 = \frac{1}{㉠} \div 12 \qquad \frac{1}{9} \div ㉠ = \frac{1}{15} \div ㉡$$

① 2 ② 4 ③ 6 ④ 8 ⑤ 10

2 다음 중 몫이 가장 작은 것은 몇 번입니까?

① $2\frac{3}{4} \div 3$ ② $4\frac{3}{7} \div 4$ ③ $1\frac{5}{8} \div 3$ ④ $7\frac{1}{8} \div 2$ ⑤ $6\frac{3}{5} \div 5$

3 어떤 수를 12로 나눈 다음 2를 곱하였더니 $23\frac{5}{9}$가 되었습니다. 다음 중 어떤 수는 몇 번입니까?

① $15\frac{1}{9}$ ② $40\frac{1}{3}$ ③ $106\frac{2}{3}$ ④ $120\frac{3}{4}$ ⑤ $141\frac{1}{3}$

4 다음 수직선에서 ㉠과 ㉡이 나타내는 수를 각각 구하시오. (단, 눈금과 눈금 사이의 거리는 일정합니다.)

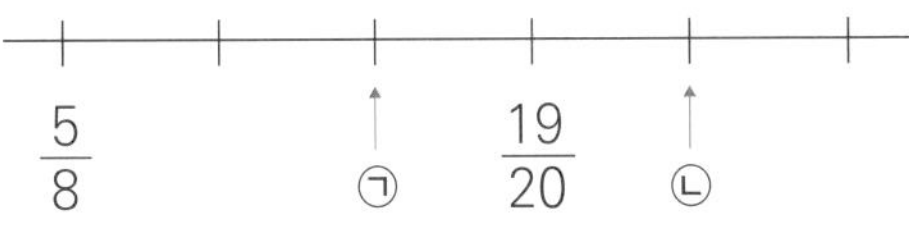

실력 진단 테스트

정답과 풀이 20쪽

5 정사각형에서 각 변의 중점을 이어서 다시 정사각형을 만들기를 2번 반복했습니다. 정사각형 ㄱㄴㄷㄹ의 넓이가 $10\frac{5}{9}$cm²일 때 색칠한 부분의 넓이는 몇 cm²인지 구하시오.

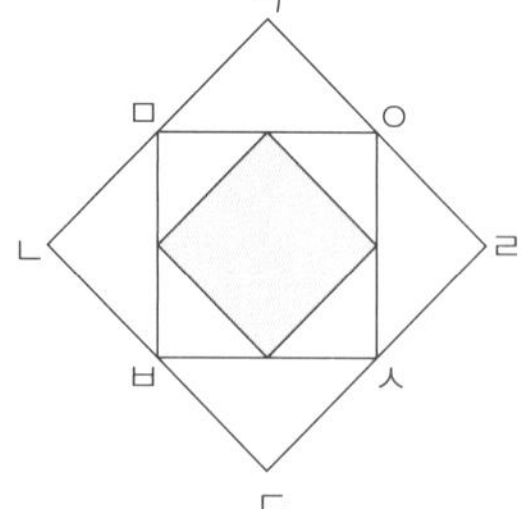

6 밑면의 모양이 십각형인 각기둥과 각뿔의 모서리 수의 차는 얼마입니까?

7 무게가 똑같은 연필 12자루가 들어 있는 필통의 무게가 152.48g입니다. 연필 5자루를 친구에게 주고 필통의 무게를 다시 재어 보니 122.28g이었습니다. 이 필통에 똑같은 연필 8자루를 넣고 무게를 재면 몇 g인지 구하시오.

8 규칙에 따라 수를 써넣은 것입니다. ㉠에 알맞은 수를 구하시오.

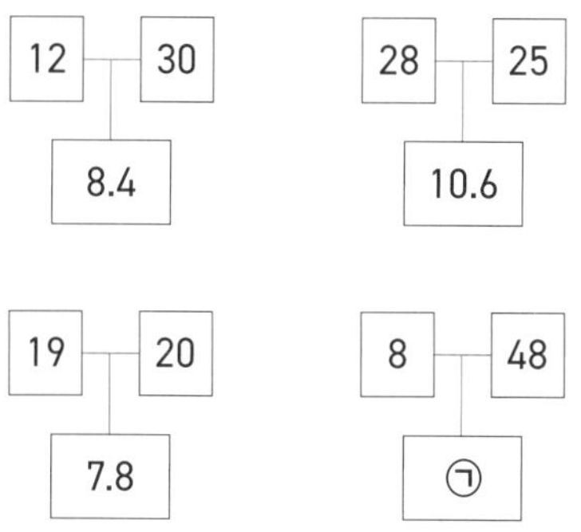

9 어떤 직사각형의 가로를 6.4배, 세로를 2.5배 늘여 만든 직사각형의 넓이가 처음 직사각형의 넓이보다 75.3cm² 더 늘어났습니다. 처음 직사각형의 넓이는 몇 cm²인지 구하시오.

정답과 풀이 20쪽

10 도원이는 일정한 빠르기로 공원을 5바퀴 도는 데 1시간 38분이 걸렸습니다. 공원을 한 바퀴 도는 데 걸린 시간은 몇 분인지 다음 보기에서 고르시오.

① 17.6분　② 18.6분　③ 19.6분　④ 20.6분　⑤ 21.6분

11 다음의 보기를 큰 것부터 차례로 나열하시오.

〈보기〉

㉠ 56.3%　㉡ 1.563

㉢ 6의 45%　㉣ 8의 25.5%

12 소희는 36000원이 예금되어 있는 통장에서 어머니의 생일 선물을 사기 위해 25%를 찾았습니다. 통장에 남아 있는 돈은 얼마입니까?

13 어느 학교 6학년 학생 300명 중에서 충치가 있는 학생은 전체의 48%이고, 근시인 학생은 전체의 12%입니다. 한편 충치도 없고 근시도 아닌 학생은 전체의 46%입니다. 이때 다음 물음에 답하시오.

1) 충치가 있으면서 근시인 학생은 모두 몇 명입니까?

2) 충치만 있는 학생은 몇 명입니까?

3) 근시만 있는 학생은 몇 명입니까?

정답과 풀이 20쪽

14 다음 그림에서 삼각형 ㄱㄴㄷ은 직각삼각형이고, 점 ㄹ, ㅁ, ㅂ은 삼각형 ㄱㄴㄷ의 각 변을 4등분한 점입니다. 삼각형 ㄹㅁㅂ의 넓이와 삼각형 ㄱㄴㄷ의 넓이의 비를 구하시오.

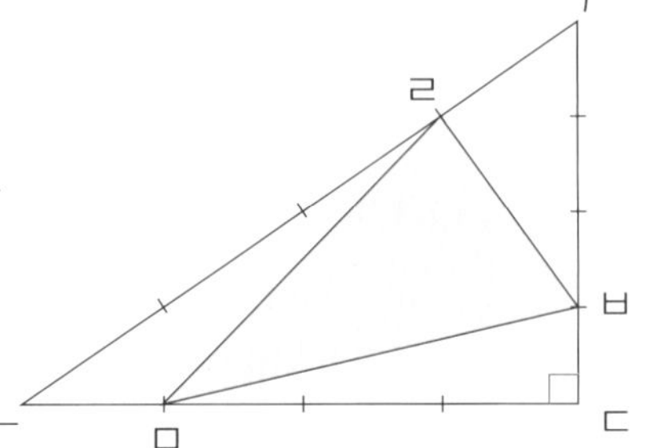

15 다음 그림과 같이 직사각형을 4개의 삼각형으로 나누었습니다. ㉮의 넓이는 27cm²이고, ㉯의 넓이는 직사각형의 넓이의 10%라고 합니다. 이때 직사각형의 넓이를 구하시오.

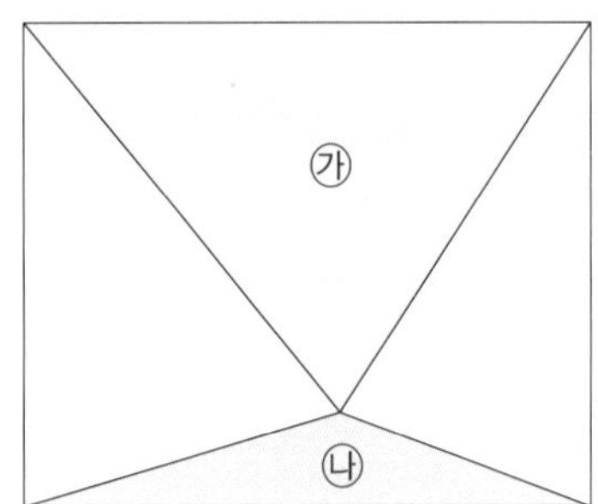

16 지현이네 학교 6학년 남학생 140명과 여학생 100명을 대상으로 가장 좋아하는 운동 경기를 조사하여 그래프로 나타냈습니다. 축구를 좋아하는 여학생과 농구를 좋아하는 여학생 수의 합을 구하시오. (단, 모든 학생은 가장 좋아하는 경기를 하나만 골랐습니다.)

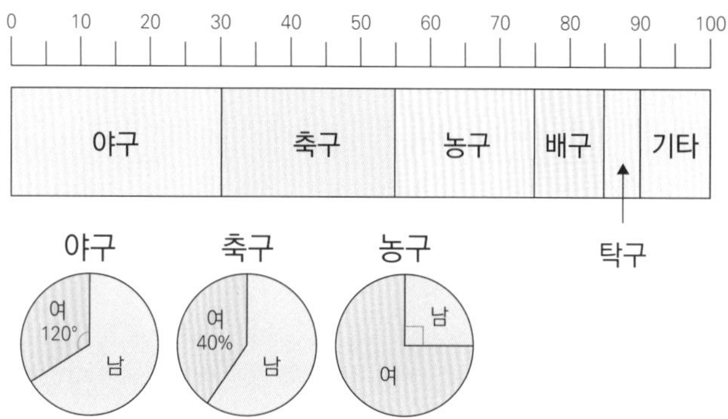

17 가로가 8cm, 세로가 5cm, 높이가 4cm인 직육면체 모양의 상자를 쌓아서 만들 수 있는 가장 작은 정육면체의 부피를 구하시오.

18 다음 입체도형의 부피는 몇 cm^3인지 구하시오. (단, 모든 모서리는 서로 직각으로 만납니다.)

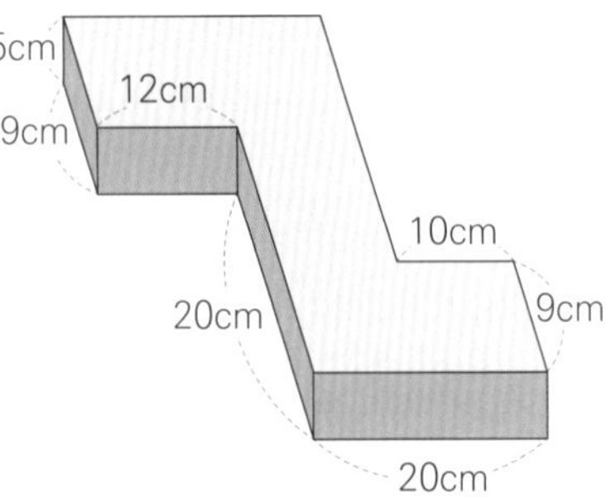

19 부피가 $64cm^3$인 정육면체 20개를 쌓아서 다음 그림과 같은 입체도형을 만들었습니다. 만들어진 입체도형의 겉넓이를 구하시오.

20 다음은 부피가 1cm³인 쌓기나무로 쌓아 만든 입체도형을 위, 앞, 옆에서 본 모양을 그린 것입니다. 이 입체도형의 부피는 몇 cm³입니까?

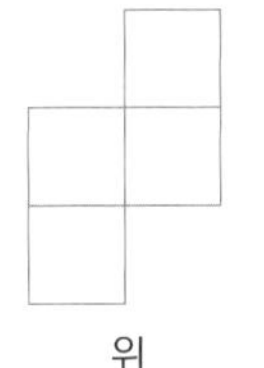
위

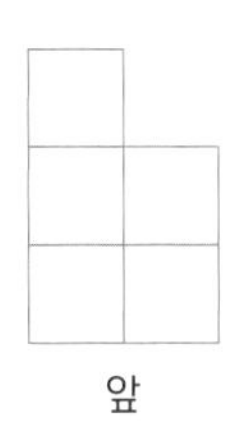
앞

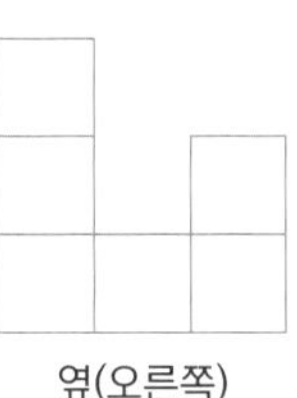
옆(오른쪽)

실력 진단 결과

• 정답과 풀이 24쪽 참고

채점을 한 후, 다음과 같이 점수를 계산합니다.

(내 점수)=(맞은 개수)×5(점)

내 점수: ________ 점

점수에 따라 무엇을 하면 좋을까요?

95점~100점: 틀린 문제만 오답하세요.

85점~90점: 틀린 문제를 오답하고, 여기에 해당하는 개념을 찾아 복습하세요.

75점~80점: 이 책을 한 번 더 풀어 보세요.

65점~70점: 개념부터 차근차근 다시 공부하세요.

55점~60점: 개념부터 차근차근 공부하고, 재밌는 책을 읽는 시간을 많이 가져 보세요.

지은이 **류승재**

고려대학교 수학과를 졸업했습니다. 25년째 수학을 가르치고 있습니다. 최상위권부터 최하위권까지, 재수생부터 초등부까지 다양한 성적과 연령대의 아이들에게 수학을 가르쳤습니다. 교과 수학뿐만 아니라 사고력 수학 · 경시 수학 · SAT · AP · 수리논술까지 다양한 분야의 수학을 다루었습니다.
수학 공부의 바이블로 인정받는《수학 잘하는 아이는 이렇게 공부합니다》를 썼고, 더 체계적이고 구체적인 초등 수학 공부법을 공유하기 위해《초등수학 심화 공부법》을 썼습니다. 유튜브 채널「공부머리 수학법」과 강연, 칼럼 기고 등 다양한 활동을 통해 수학 잘하기 위한 공부법을 나누고 있습니다.

유튜브「공부머리 수학법」
네이버카페「공부머리 수학법」
책을 읽고 궁금한 내용은 네이버카페에 남겨 주세요.

초판 1쇄 발행 2022년 12월 19일

지은이 류승재

펴낸이 金昇芝
편집 김도영 노현주
디자인 별을잡는그물 양미정

펴낸곳 블루무스에듀
전화 070-4062-1908
팩스 02-6280-1908
주소 경기도 파주시 경의로 1114 에펠타워 406호
출판등록 제2022-000085호
이메일 bluemoosebooks@naver.com
인스타그램 @bluemoose_books

ISBN 979-11-91426-72-4 (63410)

생각의 힘을 기르는 진짜 공부를 주구하는 블루무스에듀는 블루무스 출판사의 어린이 학습 브랜드입니다.

□+○=921
가장 확실한
초등 심화 입문서
열려라 심화
초등수학
정답과
풀이
블루무스에듀
bluemoose edu
$\frac{7}{10}$=0.7

초등수학

6-1

정답과 풀이

기본 개념 테스트

1단원 분수의 나눗셈

• 10쪽~11쪽

채점 전 지도 가이드

6학년 전체 과정에서 가장 주의해야 할 단원이 바로 분수의 나눗셈입니다. 원리는 건너뛰고 계산 알고리즘만 익혀 계산하려 드는 경우가 많기에 원리를 정확하게 이해하는 게 우선입니다. 기본 개념 테스트는 그림으로 등분제를 이용하여 설명하도록 구성되어 있으며 이는 교과서와 똑같은 내용입니다. 제대로 설명하지 못하면 다시 공부해야 합니다.

1.

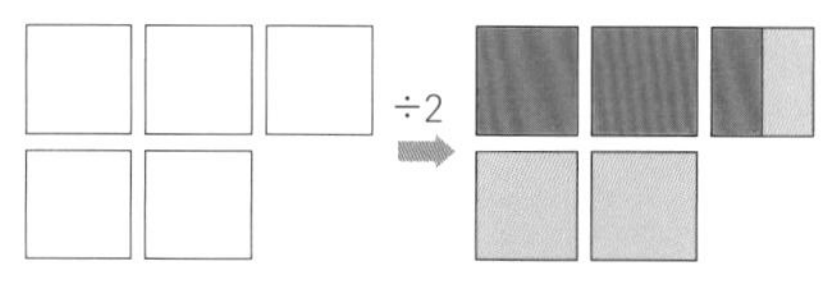

즉 5÷2=  $=\frac{5}{2}$

잠깐! 부모 가이드

그림으로 등분제를 이해했으면 알고리즘도 설명해 봅니다.

5÷2의 몫은 5를 2등분한 것 중의 하나입니다.

이것은 5의 $\frac{1}{2}$이므로 $5\times\frac{1}{2}=\frac{5}{2}$입니다.

2.

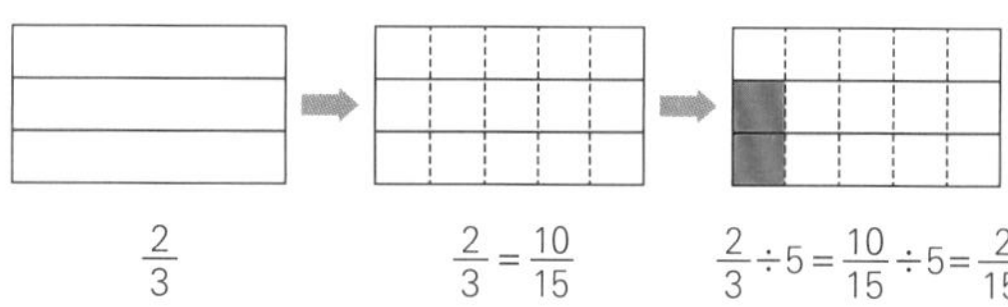

$\frac{2}{3}$ $\quad$ $\frac{2}{3}=\frac{10}{15}$ $\quad$ $\frac{2}{3}\div5=\frac{10}{15}\div5=\frac{2}{15}$

잠깐! 부모 가이드

그림으로 등분제를 이해했으면 알고리즘도 설명해 봅니다.

$\frac{2}{3}\div5$의 몫은 $\frac{2}{3}$를 5등분한 것 중의 하나입니다. 이것은 $\frac{2}{3}$의 $\frac{1}{5}$만큼이므로 $\frac{2}{3}\times\frac{1}{5}=\frac{2}{15}$입니다.

혹은 다음과 같이 계산해도 됩니다.

$\frac{2}{3}\div5=\frac{2\times5}{3\times5}\div5=\frac{10}{15}\div5=\frac{10\div5}{15}=\frac{2}{15}$

3.

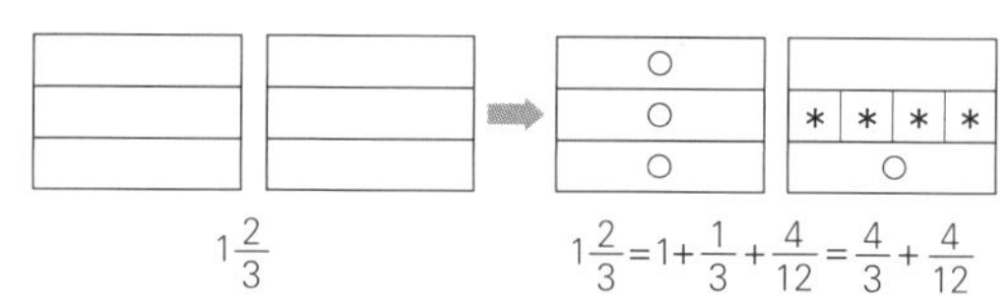

$1\frac{2}{3}$ $\quad$ $1\frac{2}{3}=1+\frac{1}{3}+\frac{4}{12}=\frac{4}{3}+\frac{4}{12}$

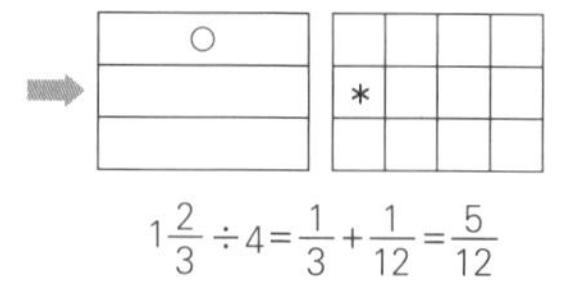

$1\frac{2}{3}\div4=\frac{1}{3}+\frac{1}{12}=\frac{5}{12}$

잠깐! 부모 가이드

그림으로 등분제를 이해했으면 알고리즘도 설명해 봅니다.

$1\frac{2}{3}\div4$의 몫은 $1\frac{2}{3}$를 4등분한 것 중 하나입니다.

이것은 $1\frac{2}{3}$의 $\frac{1}{4}$이므로 $1\frac{2}{3}\times\frac{1}{4}=\frac{5}{3}\times\frac{1}{4}=\frac{5}{12}$입니다.

혹은 다음과 같이 계산해도 됩니다.

$1\frac{2}{3}\div4=\frac{5}{3}\div4=\frac{5\times4}{3\times4}\div4=\frac{20}{12}\div4=\frac{20\div4}{12}=\frac{5}{12}$

2단원 각기둥과 각뿔

• 18쪽~19쪽

채점 전 지도 가이드

어려운 단원은 아닙니다. 다만 블록이나 쌓기나무 등의 활동을 많이 하지 않은 아이의 경우 어려워할 수도 있습니다. 기본 개념 테스트조차 어려워한다면 직접 각기둥과 각뿔을 전개도대로 잘라 만들어 보는 활동을 합니다. 이때 전개도를 너무 어렵게 생각하기보다는 전개도가 될 수 있는 것과 될 수 없는 것을 구분하는 데 중점을 두도록 합니다. 아울러 각기둥과 각뿔의 면, 모서리, 꼭짓점 등 구성요소들의 수는 단순히 외우기보다는 규칙성을 찾아보게 함으로써 밑면의 모양과 구성요소의 수 사이의 관계를 추론할 수 있도록 합니다.

1.

서로 평행한 두 면이 합동이고, 평행한 면들과 수직으로 만나는 나머지 직사각형들로 이루어져 있는 입체도형을 각기둥이라고 합니다.

밑면은 평행한 누 면으로, 서로 합동입니다.

옆면은 밑면과 만나는 면입니다. 각기둥의 옆면은 모두 직사각형입니다.

모서리는 면과 면이 만나는 선분입니다.

꼭짓점은 모서리와 모서리가 만나는 점입니다.

높이는 두 밑면 사이의 거리를 말합니다.

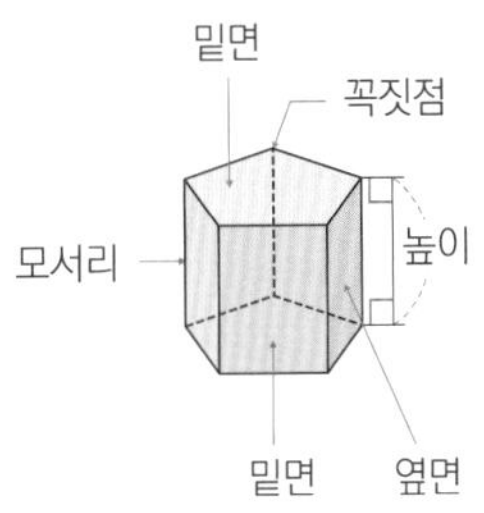

2.

각기둥	밑면의 모양	꼭짓점의 수	면의 수	모서리의 수
삼각기둥	삼각형	3×2=6	3+2=5	3×3=9
사각기둥	사각형	4×2=8	4+2=6	4×3=12
⋮	⋮	⋮	⋮	⋮
□각기둥	□각형	□×2	□+2	□×3

3.

각기둥의 모서리를 잘라서 평면 위에 펼쳐 놓은 그림을 각기둥의 전개도라고 합니다. 각기둥의 전개도의 특징은 다음과 같습니다.
첫째, 두 밑면은 서로 합동인 다각형입니다.
둘째, 옆면은 모두 직사각형입니다.
셋째, 옆면의 개수는 밑면의 변의 개수와 같습니다.
넷째, 전개도를 접었을 때 맞닿는 선분의 길이가 같습니다.
다섯째, 자르는 모서리의 위치에 따라 여러 가지 모양의 전개도가 나옵니다.

4.

밑면이 다각형이고, 밑면이 있는 평면 밖의 한 점과 밑면의 꼭짓점을 모두 이은 뿔 모양의 입체도형을 각뿔이라고 합니다. 각뿔의 옆면은 모두 삼각형입니다.
모서리는 면과 면이 만나는 선분입니다.
꼭짓점은 모서리와 모서리가 만나는 점입니다.
각뿔의 꼭짓점은 꼭짓점 중에서 옆면이 모두 만나는 점입니다.
높이는 각뿔의 꼭짓점에서 밑면에 수직인 선분의 길이입니다.

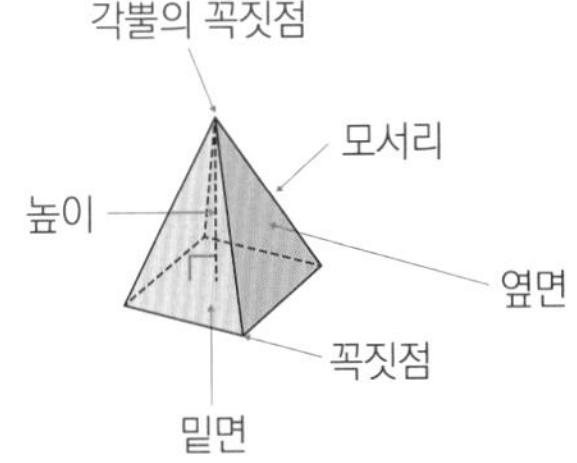

5.

각뿔	밑면의 모양	꼭짓점의 수	면의 수	모서리의 수
삼각뿔	삼각형	3+1=4	3+1=4	3×2=6
사각뿔	사각형	4+1=5	4+1=5	4×2=8
…	…	…	…	…
△각뿔	△각형	△+1	△+1	△×2

3단원 소수의 나눗셈

• 24쪽~25쪽

채점 전 지도 가이드

아이들이 소수 자체를 어려워하지 않기에 무난하게 넘어가는 단원입니다. 다만 분수의 나눗셈 방법에 따라 계산하는 원리를 정확히 알지 못하면, 2학기 때 배우는 나누는 수가 소수인 소수의 나눗셈에서 알고리즘대로 계산할 때 어디에 점을 찍어야 할지 헷갈리기 쉽습니다. 원리와 개념이 우선임을 기억하여 지도합니다.

1.

$135 \div 3 = 45$

↓ $\frac{1}{100}$배 ↓ $\frac{1}{100}$배

$1.35 \div 3 = 0.45$

1.35는 135의 $\frac{1}{100}$이므로 135÷3의 결과인 45에 $\frac{1}{100}$을 곱합니다.

2.

$35.05 \div 5 = \frac{3505}{100} \div 5 = \frac{3505 \div 5}{100} = \frac{701}{100} = 7.01$

3.

분수의 나눗셈을 이용하는 방법은 다음과 같습니다.

$3 \div 4 = \frac{3}{4} = \frac{3 \times 25}{4 \times 25} = \frac{75}{100} = 0.75$

300÷4를 이용하는 방법은 다음과 같습니다.

$300 \div 4 = 75$

↓ $\frac{1}{100}$배 ↓ $\frac{1}{100}$배

$3 \div 4 = 0.75$

4.

자연수 나눗셈의 세로셈과 같은 방법으로 계산합니다. 몫의 소수점의 위치는 나누어지는 수의 소수점의 위치와 같게 찍습니다.

$$\begin{array}{r} 5 \\ 3\overline{)16.38} \\ 15 \\ \hline 1 \end{array} \rightarrow \begin{array}{r} 5.4 \\ 3\overline{)16.38} \\ 15 \\ \hline 1\,3 \\ 1\,2 \\ \hline 1 \end{array} \rightarrow \begin{array}{r} 5.46 \\ 3\overline{)16.38} \\ 15 \\ \hline 1\,3 \\ 1\,2 \\ \hline 18 \\ 18 \\ \hline 0 \end{array}$$

4단원 비와 비율

•30쪽~31쪽

채점 전 지도 가이드

중등 과정의 함수 및 확률과 연계되는 아주 중요한 단원입니다. 이 단원에서 다루는 비, 기준량, 비교하는 양, 비율의 뜻과 개념을 정확히 알아야 함수까지 소화할 수 있습니다. 하지만 용어가 많고 식이 서로 비슷해서 아이들이 의미와 쓰임을 자주 잊어버립니다. 암기 외에는 답이 없으니 반드시 외우게 합니다.

1.

한 모둠에 남학생 8명, 여학생 2명이 있습니다.

뺄셈으로 비교하기

8－2＝6(명)	남학생이 여학생보다 6명 더 많습니다.
	여학생이 남학생보다 6명 더 적습니다.

나눗셈으로 비교하기

8÷2＝4(배)	남학생 수는 여학생 수의 4배입니다.
	여학생 수는 남학생 수의 $\frac{1}{4}$배입니다.

2.

두 수를 나눗셈으로 비교하기 위해 기호 :를 사용하여 나타낸 것을 비라고 합니다. 두 수 5와 3을 나눗셈으로 비교할 때 5:3이라 씁니다.

3.

1. 5 대 3
2. 5와 3의 비
3. 3에 대한 5의 비 또는 5의 3에 대한 비

4.

기준량에 대한 비교하는 양의 크기를 비율이라 합니다. 식은 다음과 같이 씁니다.

(비율)＝(비교하는 양)÷(기준량)＝$\frac{(\text{비교하는 양})}{(\text{기준량})}$

예를 들어 7:10에서 7은 비교하는 양, 10은 기준이 되는 기준량입니다. 따라서 7:10을 비율로 나타내면 7÷10＝$\frac{7}{10}$입니다.

5.

비율은 실생활에 많이 활용됩니다. 예를 들어 속력은 걸린 시간에 대한 이동한 거리의 비율을 말합니다.

(속력)＝(이동한 거리)÷(걸린 시간)＝$\frac{(\text{이동한 거리})}{(\text{걸린 시간})}$

잠깐! 부모 가이드

교과서에서는 속력, 인구밀도, 농도, 타율, 축척 등 아주 다양한 예시를 듭니다. 교과서를 참고하여 답하게 해도 좋지만, 이왕이면 아이 스스로 주변에서 찾아내게 하는 것이 좋습니다. 예를 들어 우리 아파트에서 전체 세대 수 대비 강아지를 키우는 세대 수의 비율을 나타낼 수 있습니다.

6.

기준량을 100으로 할 때의 비율로, 기호 %를 사용하여 나타냅니다. 예를 들어 6:100－$\frac{6}{100}$으로 표현하는 비율을 6%라고 씁니다. 즉 비율 $\frac{6}{100}$은 $\frac{6}{100}$×100＝6%이고, 백분율 6%는 6×$\frac{1}{100}$＝$\frac{6}{100}$의 비율로 표현할 수 있습니다.

7.

전체를 100으로 놓고 생각하면 편리하기에 실생활에서 많이 활용됩니다. 물건 가격의 할인율이 그중 하나입니다. 기존 가격에서 몇 퍼센트가 오르거나 내렸는지를 표현하기 위해 백분율을 사용합니다.

6단원 직육면체의 부피와 겉넓이

•42쪽~43쪽

채점 전 지도 가이드

5학년 1학기 다각형의 둘레와 넓이에서 확장되는 개념입니다. 그런데 아이들이 다각형의 넓이는 어려워하지만, 의외로 직육면체의 부피는 생각만큼 어려워하지 않는 경우가 많습니다. 이런 아이들은 어렸을 때부터 크기가 일정한 쌓기나무를 조작하는 체험을 통해 자연스럽게 부피의 개념을 습득해 온 덕분입니다. 이처럼 조작 체험을 많이 한 아이가 유리한 단원인 만큼, 아이가 어려워하면 지금이라도 쌓기나무 조작 체험을 하도록 유도합니다.

1.

한 모서리의 길이가 모두 1인 정육면체를 이용합니다. 가로, 세로, 높이에 몇 개의 정육면체가 들어가는지 세어 구합니다. 이를 식으로 정리하면 (가로)×(세로)×(높이)입니다.

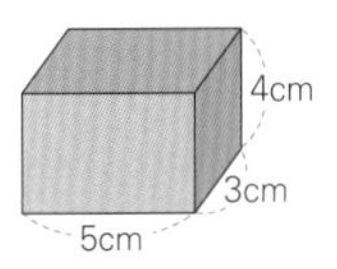

(직육면체의 부피)=(가로)×(세로)×(높이)
=(밑면의 넓이)×(높이)

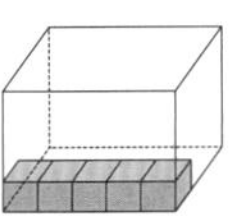

5(개)

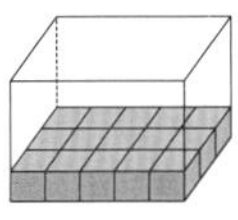

5×3=15(개)

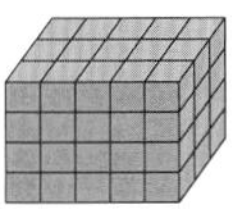

5×3×4=60(개)

2.

$1cm^3$는 한 모서리의 길이가 1cm인 정육면체의 부피입니다.
$1m^3$는 한 모서리의 길이가 1m인 정육면체의 부피입니다.
1m는 100cm이므로, $1m^3=(100)\times(100)\times(100)=1000000cm^3$ 입니다.

3.

1. 직육면체의 겉넓이는 세 면의 넓이를 각각 2배 하여 더하면 됩니다.

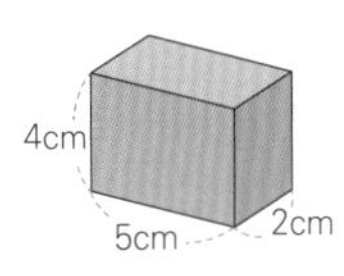

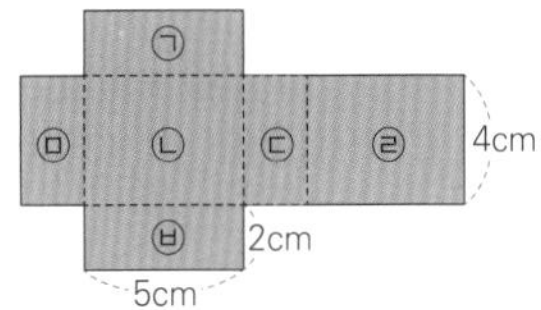

㉠×2+㉡×2+㉢×2
=(5×2)×2+(5×4)×2+(2×4)×2=76(cm^2)

2. 정육면체는 여섯 면의 넓이가 모두 같으므로 겉넓이를 구하려면 한 면의 넓이를 6배 하면 됩니다.

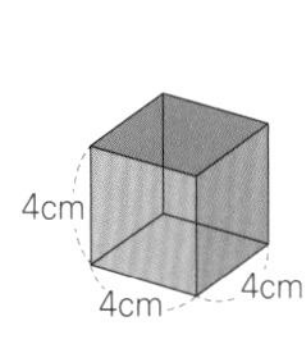

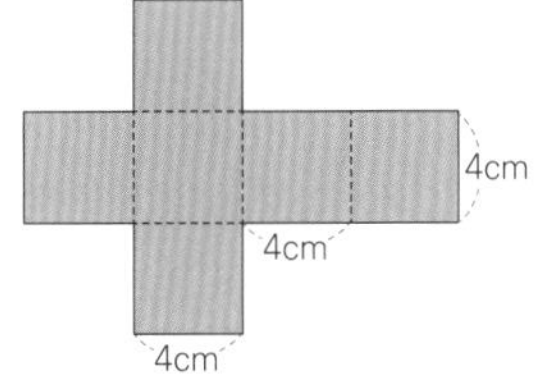

(4×4)×6=16×6=96(cm^2)

단원별 심화

1단원 분수의 나눗셈

• 12쪽~17쪽

가1. 4일	**가2.** 21일	**나1.** 8시간
나2. 7개	**다1.** 18분	**다2.** 17분

가1. 단계별 힌트

1단계	전체 일의 양을 1로 놓습니다.
2단계	은재가 하루에 하는 일의 양을 분수로 표현해 봅니다.
3단계	은재와 대환이가 함께 하루에 할 수 있는 일의 양을 어떻게 계산합니까?

은재는 12일에 걸쳐 일을 끝내므로 은재가 하루에 할 수 있는 일의 양은 $1\div12=\frac{1}{12}$, 대환이가 하루에 할 수 있는 일의 양은 $1\div6=\frac{1}{6}$입니다.

따라서 은재와 대환이가 함께 일을 하면 하루에 할 수 있는 일의 양은 $\frac{1}{12}+\frac{1}{6}=\frac{3}{12}=\frac{1}{4}$입니다. 하루에 $\frac{1}{4}$만큼 할 수 있으므로 총 4일이 걸립니다.

가2. 단계별 힌트

1단계	전체 일의 양을 1로 놓습니다.
2단계	은재가 하루에 할 수 있는 일의 양을 분수로 표현해 봅니다.
3단계	대환이가 혼자 하루에 할 수 있는 일의 양을 어떻게 계산합니까?

1. 은재는 12일에 걸쳐 일을 끝내므로 은재가 하루에 할 수 있는 일의 양은 $1\div12=\frac{1}{12}$입니다.

2. 은재와 대환이가 함께 일하면 8일이 걸리므로 은재와 대환이가 하루에 할 수 있는 일의 양은 $1\div8=\frac{1}{8}$입니다. 따라서 대환이가 하루에 할 수 있는 일의 양은 $\frac{1}{8}-\frac{1}{12}=\frac{3}{24}-\frac{2}{24}=\frac{1}{24}$입니다.

3. 은재가 3일 동안 일하면 $\frac{1}{12}\times3=\frac{3}{12}$만큼 일하고 $\frac{9}{12}$만큼이 남습니다. 대환이가 하루에 할 수 있는 일의 양은 $\frac{1}{24}$이고 남은 일의 양은 $\frac{9}{12}=\frac{18}{24}$이므로, 남은 일을 대환이가 다 하려면 18일이 걸립니다.

4. 따라서 3+18=21(일)이 걸립니다.

나1. 단계별 힌트

1단계	예제 풀이를 복습합니다.

2단계	㉮기계와 ㉯기계가 1시간 동안 만들 수 있는 양은 각각 얼마입니까?
3단계	각각의 기계로 1시간 동안 만들 수 있는 물건의 양을 분수로 표현해 봅니다.

㉮기계는 4시간 동안 $\frac{1}{3}$을 만들므로 1시간에 $\frac{1}{3}\div4=\frac{1}{12}$만큼 만듭니다. ㉯기계는 6시간 동안 $\frac{1}{4}$을 만들므로 1시간에 $\frac{1}{4}\div6=\frac{1}{24}$만큼 만듭니다.
따라서 ㉮기계와 ㉯기계로 동시에 만들면 1시간에 $\frac{1}{12}+\frac{1}{24}=\frac{1}{8}$만큼 만들 수 있으므로 물건을 다 만드는 데 8시간이 걸립니다.

나2. 단계별 힌트

1단계	예제 풀이를 복습합니다.
2단계	㉯기계가 6시간 동안 만드는 물건의 양은 얼마입니까?
3단계	각각의 기계로 1시간 동안 만들 수 있는 물건의 양을 분수로 표현해 봅니다.

㉮기계는 4시간 동안 $\frac{1}{3}$을 만들므로 1시간에 $\frac{1}{3}\div4=\frac{1}{12}$만큼 만듭니다. ㉯기계는 6시간 동안 $1-\frac{1}{3}=\frac{2}{3}$만큼 만들므로 1시간에 $\frac{2}{3}\div6=\frac{2}{18}=\frac{1}{9}$만큼 만듭니다. 두 기계로 동시에 만들면 1시간에 $\frac{1}{12}+\frac{1}{9}=\frac{3}{36}+\frac{4}{36}=\frac{7}{36}$만큼 만들 수 있습니다. $\frac{7}{36}\times36=7$이므로, 물건을 ㉮기계와 ㉯기계로 동시에 만든다면 36시간 동안 7개를 만들 수 있습니다.

다1. 단계별 힌트

1단계	배수구를 열고 물을 채웠을 때 1분 동안 채워지는 물의 양을 구해야 합니다.
2단계	"배수구를 막고 4분 동안 물을 얼마큼 받았는지 계산했어? 그렇다면 배수구를 열고 12분 동안 얼마큼을 더 채워야 해?"
3단계	배수구를 열고 12분 동안 채우는 물의 양을 12로 나누어, 배수구를 열고 1분 동안 채우는 양을 구합니다.

배수구가 막혀 있으면 가득 차는 데 12분이 걸리므로 1분에 욕조의 $\frac{1}{12}$씩 물이 채워집니다. 이 값을 이용해 배수구를 열고 물을 채우는 시간을 계산합니다. 배수구를 막고 4분간 물을 채웠으므로 $\frac{1}{12}\times4=\frac{1}{3}$만큼 물을 채웠습니다. 따라서 나머지 $\frac{2}{3}$만큼 물이 차는 데 $16-4=12$(분)이 걸렸습니다. 즉 배수구를 열고 물을 받아 12분 동안 $\frac{2}{3}$를 받은 셈이므로, 1분당 $\frac{2}{3}\div12=\frac{1}{18}$씩 물을 채웠습니다. 즉 배수구가 열려 있으면 1분에 욕조의 $\frac{1}{18}$씩 물을 채울 수 있습니다.
따라서 배수구를 열고 물을 채우면 가득 차는 데 18분이 걸립니다.

다2. 단계별 힌트

1단계	예제 풀이를 복습합니다.
2단계	배수구를 막고 1분 동안 채울 수 있는 물의 양과 배수구를 열고 1분 동안 채울 수 있는 물의 양을 각각 구해 봅니다.
3단계	2단계에서 구한 값을 이용해 1분 동안 배수구로 빠져나가는 물의 양을 구할 수 있습니다.

1. 배수구가 막혀 있을 때 1분에 욕조의 $\frac{1}{15}$씩 물을 채울 수 있습니다. 배수구를 열고 20분간 물을 채우면 $20\times\frac{1}{15}=\frac{20}{15}$만큼 물이 채워지므로, 20분 동안 $\frac{5}{15}=\frac{1}{3}$만큼의 물이 배수구로 빠져나간다는 사실을 알 수 있습니다. 20분에 $\frac{1}{3}$만큼의 물이 배수구로 빠져나가므로, 1분에 $\frac{1}{3}\div20=\frac{1}{60}$만큼의 물이 배수구로 빠져나갑니다.
따라서 배수구를 열고 물을 채우면 1분 동안 채우는 물의 양은
$\frac{1}{15}-\frac{1}{60}=\frac{4}{60}-\frac{1}{60}=\frac{3}{60}=\frac{1}{20}$입니다.
2. 8분간 배수구를 열고 물을 받으면 8분 동안 받는 물의 양은 $8\times\frac{1}{20}=\frac{8}{20}=\frac{2}{5}$입니다. 이제 욕조에 채워지지 않은 $\frac{3}{5}$만큼을 배수구를 막고 채워야 합니다. $\frac{3}{5}=\frac{9}{15}$고, 배수구를 막고 1분 동안 $\frac{1}{15}$씩 채울 수 있으므로 9분이 걸립니다.
배수구를 열고 8분간 물을 채우고 배수구를 막고 9분 동안 물을 채우면 욕조가 꽉 찹니다. 따라서 걸린 총 시간은 $8+9=17$(분)입니다.

2단원 각기둥과 각뿔

• 20쪽~23쪽

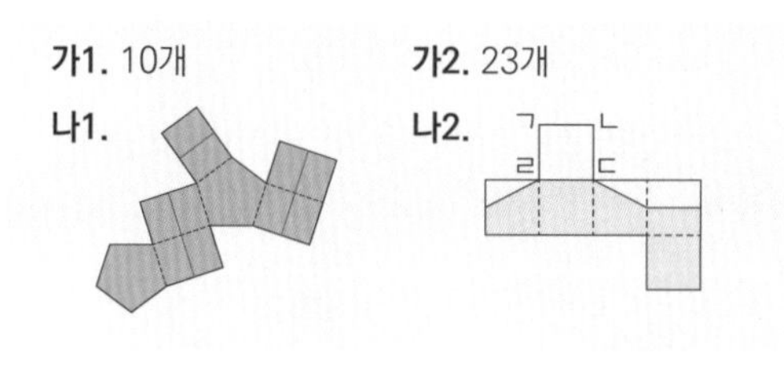

가1. 단계별 힌트

1단계	예제 풀이를 복습합니다.
2단계	각뿔과 각기둥의 면의 수, 모서리의 수, 꼭짓점의 수를 어떻게 추론하는지 기본 개념을 복습합니다.
3단계	△각뿔의 모서리의 수는 △×2이고, □각기둥의 면의 수는 □+2입니다.

각뿔의 모서리 수가 16개이면 밑면이 팔각형입니다. 따라서 각뿔은 팔각뿔이고, 각기둥은 팔각기둥입니다.

팔각기둥의 면의 수는 8+2=10(개)입니다.

가2. 단계별 힌트

1단계	예제 풀이를 복습합니다.
2단계	□각기둥의 모서리 수는 □×3이고, △각뿔의 모서리 수는 △×2입니다.
3단계	각뿔과 각기둥의 밑면은 같습니다. 따라서 2단계에서 찾은 정보로 하나의 식을 세울 수 있습니다.

□각기둥의 모서리의 수는 □×3이고, △각뿔의 모서리의 수는 △×2입니다. 그런데 □각기둥과 △각뿔의 밑면은 같으므로 □=△입니다. 각기둥과 각뿔의 모서리 수의 합이 50개이므로 다음의 식을 세울 수 있습니다.

□×3+□×2=50

→ □×5=50

→ □=10

따라서 각기둥과 각뿔은 각각 십각기둥과 십각뿔입니다.

십각기둥의 면의 수는 10+2=12, 십각뿔의 면의 수는 10+1=11이므로 둘의 합은 12+11=23(개)입니다.

나1. 단계별 힌트

1단계	예제 풀이를 복습합니다.
2단계	빨간 선은 옆면만 지나갑니다.
3단계	잘되지 않으면 전개도를 복사 또는 그려서 오린 후 입체도형을 만들어 직접 선을 그어 봅니다.

옆면에만 빨간 선이 그어져 있으므로 옆면에 가로로 빨간 선을 그으면 됩니다. 오각형인 밑면으로는 빨간 선이 지나가지 않습니다.

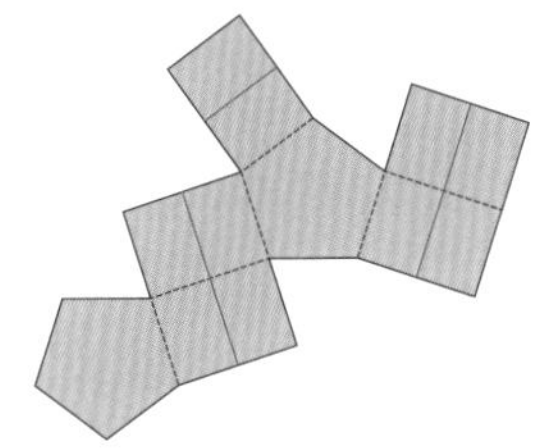

나2. 단계별 힌트

1단계	예제 풀이를 복습합니다.
2단계	전개도에 표시된 면 ㄱㄴㄷㄹ은 물이 닿지 않은 면이고, 면 ㄱㄴㄷㄹ과 변 ㄷㄹ을 두고 붙은 면 ㄹㅇㅅㄷ은 전부 물에 잠겼습니다. 이를 기준으로 생각해 봅니다.
3단계	잘되지 않으면 전개도를 복사 또는 그려서 오린 후 입체도형을 만들어 직접 칠해 봅니다.

면 ㄱㄴㄷㄹ과 변 ㄷㄹ을 두고 접한 면 ㄹㅇㅅㄷ은 모든 면적이 물에 잠겨 있으므로 전부 색칠합니다.

면 ㄹㅇㅅㄷ을 기준으로 오른쪽 면과 왼쪽 면은 사다리꼴 모양으로 물에 잠겨 있으므로 사다리꼴 모양으로 색칠합니다.

면 ㄹㅇㅅㄷ과 마주보는 면은 절반 정도만 물에 잠겨 있으므로 반만 색칠합니다.

면 ㄹㅇㅅㄷ의 밑면도 모든 면적이 물에 잠겨 있으므로 전부 색칠합니다.

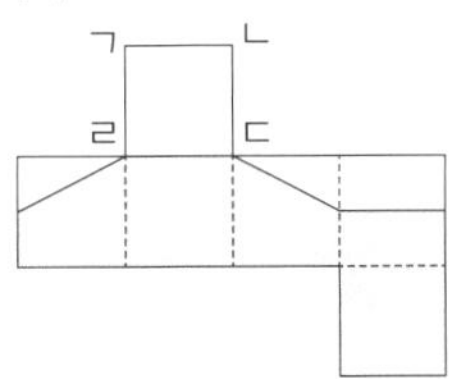

3단원 소수의 나눗셈

• 26쪽~29쪽

가1. 8100원 **가2.** 138.43km
나1. 2분 18초 **나2.** 1분 42초

가1. 단계별 힌트

1단계	열심대학교에 갔다가 다시 왔습니다. 자동차가 달린 거리는 얼마입니까?
2단계	학교까지 왕복하는 데 필요한 연료의 양은 어떻게 계산합니까?
3단계	연료의 값은 1L당 1500원입니다.

열심대학교까지 갔다가 다시 왔으므로 움직인 거리는 32.4×2=64.8km입니다.

따라서 사용한 연료의 양은 64.8÷12=5.4(L)입니다.

따라서 사용한 연료의 값은 5.4×1500=8100(원)입니다.

가2. 단계별 힌트

1단계	버스가 130.8km를 가는 데 필요한 연료의 양은 어떻게 계산합니까?
2단계	버스는 1L당 6km를 갈 수 있으므로 130.8을 6으로 나누면 버스가 130.8km를 가는 데 필요한 연료의 양이 나옵니다.
3단계	자가용은 1L당 12.7km를 갈 수 있습니다.

버스로 130.8km 가는 데 필요한 연료의 양은 130.8÷6=21.8(L)입니다.

21.8÷2=10.9(L)이므로 자가용은 12.7×10.9=138.43(km)를 갈 수 있습니다.

나1. 단계별 힌트

1단계	예제 풀이를 복습합니다.
2단계	기차가 터널에 들어가기 시작해 완전히 빠져나오려면 터널 길이에 더해 자신의 몸통 길이만큼 더 달려야 합니다.
3단계	기차가 터널을 완전히 통과하기까지 달리는 거리는 (터널의 길이)+(기차의 길이)입니다.

기차가 터널을 통과하기 위해서는 (터널의 길이)+(기차 길이)만큼 이동해야 합니다. 따라서 기차가 터널을 통과하는 데 걸리는 시간은 $(800+120)\div400=2.3$(분)입니다. $2.3=2+0.3$이고, 0.3분을 초로 바꾸면 $60\times0.3=18$(초)이므로 답은 2분 18초입니다.

나2. 단계별 힌트

1단계	예제 풀이를 복습합니다.
2단계	차가 터널에 완전히 들어가 보이지 않는 때는 기차가 터널에 완전히 들어간 순간부터 터널을 빠져나오기 직전까지입니다.
3단계	기차가 터널에 들어가 보이지 않는 동안 달리는 거리는 (터널의 길이)−(기차의 길이)입니다.

기차가 터널에 들어가서 보이지 않는 동안 달리는 거리는 (터널의 길이)−(기차의 길이)입니다. 따라서 기차가 터널에 들어가서 보이지 않는 시간은 $(800-120)\div400=680\div400=1.7$(분)입니다. $1.7=1+0.7$이고, 0.7분을 초로 바꾸면 $0.7\times60=42$(초)이므로 답은 1분 42초입니다.

4단원 비와 비율

• 32쪽~41쪽

가1. 150km **가2.** 3시간 45분 **나1.** 30%
나2. 18% **다1.** 780원 **다2.** 20%
다3. 1000원 **다4.** 26% 증가
라1. 열심은행, 2.4% **라2.** 416000원

가1. 단계별 힌트

1단계	예제 풀이를 복습합니다.
2단계	집부터 할머니 댁까지의 거리부터 구합니다. (거리)=(속력)×(시간)입니다.
3단계	움직인 거리를 2시간으로 나누면 1시간 동안 간 거리가 나옵니다.

1. 집에서 할머니 댁까지의 거리는 트럭의 속력을 이용해 구합니다. (거리)=(속력)×(시간)이므로 $100\times3=300$(km)입니다.
2. 스포츠카가 1시간 동안 움직인 거리를 구합니다. 스포츠카는 300km를 2시간에 걸쳐 이동했으므로 1시간 동안 $300\div2=150$(km)를 이동했습니다.

가2. 단계별 힌트

1단계	예제 풀이를 복습합니다.
2단계	(거리)=(속력)×(시간)입니다.
3단계	(시간)=(거리)÷(속력)입니다.

시속 3km로 10시간 동안 갈 수 있는 거리는 $3\times10=30$(km)고, 30km거리를 시속 8km로 달릴 때 걸리는 시간은 $\frac{30}{8}=3.75$(시간)입니다. 0.75시간을 분으로 바꾸면 $0.75\times60=45$(분)이므로 총 3시간 45분이 걸립니다.

나1. 단계별 힌트

1단계	예제 풀이를 복습합니다.
2단계	$(\text{농도})=\frac{(\text{소금의 양})}{(\text{소금물의 양})}\times100$입니다.
3단계	물이 증발되어도 소금의 양은 그대로입니다.

원래 소금물의 양은 150g이었는데 50g이 증발했으므로 총 소금물의 양은 $150-50=100$(g)입니다. 소금의 양은 변하지 않고 30g이므로, 소금물의 농도는 $\frac{30}{100}\times100=30$(%)입니다.

나2. 단계별 힌트

1단계	예제 풀이를 복습합니다.
2단계	$(\text{소금의 양})=\frac{(\text{농도})}{100}\times(\text{소금물의 양})$입니다.
3단계	물이 증발되어도 소금의 양은 그대로입니다.

소금의 양부터 구합니다. $\frac{12}{100}\times150=18$(g)입니다.
원래 소금물의 양은 150g이었는데 50g이 증발했으므로 총 소금물의 양은 $150-50=100$(g)입니다. 소금의 양은 변하지 않고 18g이므로, 소금물의 농도는 $\frac{18}{100}\times100=18$(%)입니다.

다1. 단계별 힌트

1단계	예제 풀이를 복습합니다.
2단계	□원에서 △% 인상하는 경우의 공식은 $\square\times(1+\frac{\triangle}{100})$입니다.
3단계	순서대로 인상된 가격과 인하된 가격을 따져 봅니다.

1000원짜리 거북칩을 20% 인상한 가격은 $1000\times(1+\frac{20}{100})$입니다.
여기에서 30%를 인상했으므로 가격은
$1000\times(1+\frac{20}{100})\times(1+\frac{30}{100})$입니다.
여기에서 50%를 인하했으므로 가격은
$1000\times(1+\frac{20}{100})\times(1+\frac{30}{100})\times(1-\frac{50}{100})$입니다.
현재 거북칩의 가격은 $1000\times1.2\times1.3\times0.5=780$(원)입니다.

다2. 단계별 힌트

1단계	예제 풀이를 복습합니다.
2단계	원가가 1000원인 물건의 가격을 25% 올리는 식을 세워 봅니다.
3단계	손해를 보지 않으려면 원가보다 비싸거나 같아야 합니다. 그렇다면 얼마까지 할인할 수 있습니까?

물건의 정가는 $1000\times(1+\frac{25}{100})=1250$(원)입니다.
할인해도 손해를 보지 않아야 하므로 정가 1250원에서 최대 250원까지 할인할 수 있습니다. 따라서 250이 1250의 몇 퍼센트인지 계산합니다.
(비율)=(비교하는 양)÷(기준량)=$\frac{(비교하는\ 양)}{(기준량)}$이므로 $\frac{250}{1250}$입니다. 백분율로 나타내려면 여기에 100을 곱합니다.
따라서 최대 할인율은 $\frac{250}{1250}\times100=20(\%)$입니다.

다3. 단계별 힌트

1단계	예제 풀이를 복습합니다.
2단계	원래 가격을 □로 놓고 식을 세워 봅니다.
3단계	가격을 인상할 때 쓰는 공식은 $□\times(1+\frac{△}{100})$, 가격을 할인할 때 쓰는 공식은 $□\times(1-\frac{△}{100})$입니다.

처음 구름빵 가격을 □라고 놓고 식을 세워 봅니다. 50% 인상을 한 후 30% 할인을 한 구름빵 가격의 식은 다음과 같습니다.
$□\times(1+\frac{50}{100})\times(1-\frac{30}{100})=□\times1.5\times0.7=□\times1.05$
최종 가격이 1050원이므로 $□\times1.05=1050$입니다.
→ $□\times1.05=1000\times1.05$
처음 구름빵의 가격은 1000원입니다.

다4. 단계별 힌트

1단계	예제 풀이를 복습합니다.
2단계	몇 % 증가 혹은 감소했는지 그 비율만 구하면 됩니다.
3단계	가격 인상과 할인의 공식을 사용합니다.

3년 동안 생산량이 어떻게 변했는지 비율을 계산해 봅니다.
$(1+\frac{20}{100})\times(1+\frac{50}{100})\times(1-\frac{30}{100})=1.2\times1.5\times0.7=1.26$
1.26은 $1+\frac{26}{100}$이므로, 3년 동안 26% 증가한 셈입니다.

라1. 단계별 힌트

1단계	두 은행의 이자를 각각 구합니다.
2단계	1단계에서 구한 이자를 이용해 두 은행의 이자율을 구합니다.
3단계	이자가 크다고 해서 반드시 이자율이 높은 것은 아닙니다.

두 은행의 이자와 이자율을 계산하면 다음의 표와 같습니다.

	이자	이자율
열심은행	51200-50000=1200(원)	$\frac{1200}{50000}=0.024=2.4\%$
수학은행	91620-90000=1620(원)	$\frac{1620}{90000}=0.018=1.8\%$

따라서 이자는 수학은행이 열심은행보다 더 많지만, 이자율은 열심은행이 수학은행보다 더 높습니다. 따라서 영은이는 열심은행을 선택해야 합니다.

라2. 단계별 힌트

1단계	예제 풀이를 복습합니다.
2단계	이자를 이용해 이자율을 구합니다. 이자율은 $\frac{(이자)}{(원금)}$로 계산합니다.
3단계	찾을 수 있는 돈은 원리합계입니다. (원리합계)=(원금)+(이자)입니다.

경인이가 60000원을 예금하여 1년 후에 62400원을 찾았으므로
경인이가 받은 이자는 62400-60000=2400(원)입니다.
따라서 이자율은 $\frac{2400}{60000}=0.04$이므로 4%입니다.
만약 400000원을 1년 동안 예금한다면 받을 수 있는 이자는
$400000\times0.04=16000$(원)입니다.
따라서 1년 후에 찾을 수 있는 돈은
400000+16000=416000(원)입니다.

6단원 직육면체의 부피와 겉넓이 ・44쪽~45쪽

가1. $256cm^3$ **가2.** $1260cm^3$

가1. 단계별 힌트

1단계	예제 풀이를 복습합니다.
2단계	밑면의 넓이부터 구해 봅니다.

3단계	밑면을 2개의 삼각형으로 쪼갤 수 있습니다.

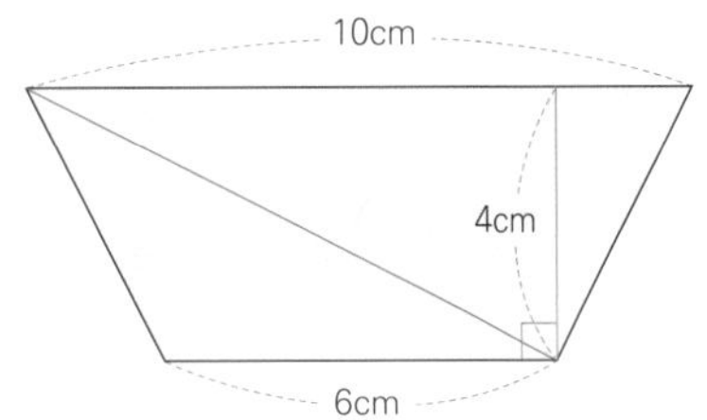

밑면을 그림과 같이 자르면 2개의 삼각형이 됩니다.
(밑면의 넓이) = (두 삼각형의 넓이의 합)
$= 10\times4\div2+6\times4\div2=32(cm^2)$
각기둥의 부피는 (밑넓이)×(높이)이므로 $32\times8=256(cm^3)$

다른 풀이
밑면은 사다리꼴이므로 사다리꼴의 넓이를 구합니다. 사다리꼴의 넓이는 (윗변+아랫변)×높이÷2이므로, 각기둥의 부피는 $(6+10)\times4\div2\times8=256(cm^2)$입니다.

가2. 단계별 힌트

1단계	예제 풀이를 복습합니다.
2단계	물의 모양은 밑면이 사다리꼴인 각기둥입니다.
3단계	밑면의 넓이부터 구해 봅니다.

물통을 옆에서 보면 다음 그림과 같습니다.

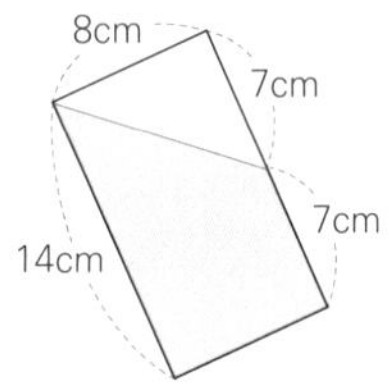

물은 밑면의 모양이 사다리꼴인 각기둥입니다. 따라서 사다리꼴의 넓이를 먼저 구하고, 여기에 높이를 곱해 부피를 구합니다.
(사다리꼴의 넓이) $=(7+14)\times8\div2=84(cm^2)$
(물의 부피) = (사다리꼴의 넓이)×(높이) $=84\times15=1260(cm^3)$

다른 풀이
전체 물통의 부피에서 비어 있는 공간인 삼각기둥의 부피를 빼서 구합니다. 전체 물통의 부피는 $15\times8\times14=1680(cm)$,
삼각기둥의 부피는 $8\times7\times\frac{1}{2}\times15=420(cm)$이므로 물의 부피는 $1680-420=1260(cm^3)$입니다.

심화종합

①세트

•48쪽~51쪽

1. $\frac{7}{10}$, 0.7　2. ④, ⑤　3. 1.25
4. 120상자　5. 10명　6. 27배, $6480cm^3$
7. 40%　8. 3분 15초

1 단계별 힌트

1단계	△÷□=○이면 □=$\frac{△}{○}$입니다.
2단계	△÷□=○이면 □=$\frac{△}{○}$=△÷○입니다.

$13\div㉠=20$이므로 $㉠=13\div20=\frac{13}{20}$입니다.
$\frac{7}{10}\div㉡=14$이므로 $㉡=\frac{7}{10}\div14=\frac{7}{10}\times\frac{1}{14}=\frac{1}{20}$입니다.
따라서 $㉠+㉡=\frac{13}{20}+\frac{1}{20}=\frac{14}{20}=\frac{7}{10}$입니다. 이를 소수로 표현하면 0.7입니다.

2 단계별 힌트

1단계	사각기둥의 경우, 한 꼭짓점에서 3개의 면이 만납니다. 만나는 면이 무엇인지 확인해 봅니다.
2단계	마주 보는 면끼리 표시해 봅니다.
3단계	상상이 잘되지 않으면 직접 전개도를 만들어서 오려 봅니다.

마주 보는 두 면을 진하게 색칠하고 전개도를 접어 사각기둥을 만들어 봅니다.

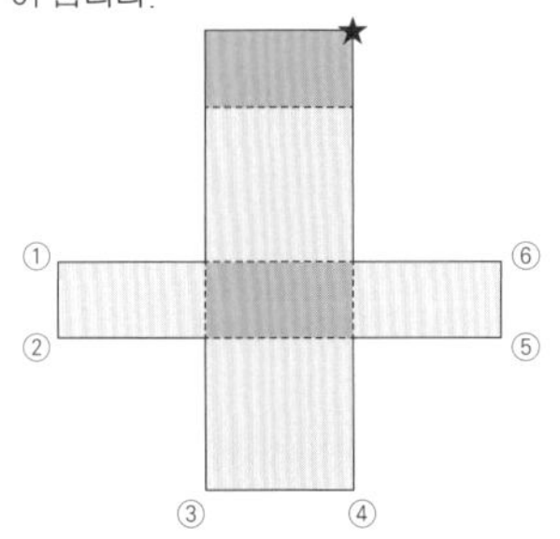

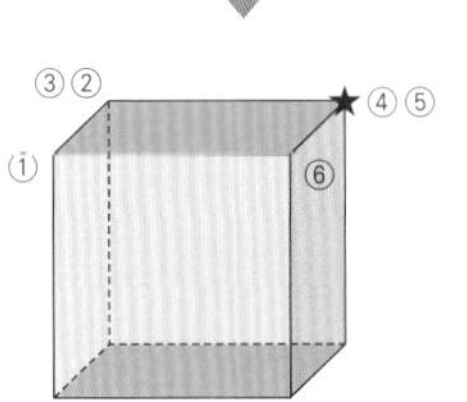

★과 만나는 점은 ④와 ⑤입니다.

3 단계별 힌트

단계	힌트
1단계	㉠을 ㉡으로 나누는 것을 식으로 쓰면 ㉠÷㉡입니다.
2단계	㉠과 ㉡에 들어갈 수 있는 자연수의 범위를 생각해 봅니다.
3단계	㉠÷㉡의 몫이 가장 작으려면 ㉠은 작고 ㉡은 커야 합니다.

㉠이 될 수 있는 자연수는 25, 26, 27, 28, 29, 30, 31이고, ㉡이 될 수 있는 자연수는 16, 17, 18, 19, 20입니다. ㉠÷㉡의 몫이 가장 작으려면 나누어지는 수 ㉠은 가장 작아야 하고, 나누는 수 ㉡은 가장 커야 합니다. 따라서 ㉠÷㉡의 몫이 가장 작은 경우는 ㉠=25, ㉡=20인 경우입니다.
따라서 ㉠÷㉡=25÷20=1.25

4 단계별 힌트

단계	힌트
1단계	360을 4:11로 어떻게 나눕니까?
2단계	귤은 전체의 $\frac{4}{15}$, 사과는 전체의 $\frac{11}{15}$이라고 할 수 있습니다.
3단계	수확량이 □상자에서 △% 늘었다면 늘어난 수확량은 □×$(1+\frac{△}{100})$로 계산할 수 있습니다.

작년 귤 수확량과 사과 수확량의 비가 4:11이므로 전체 수확량에 대한 귤 수확량의 비율은 전체 15 중 4만큼이므로 $\frac{4}{15}$로 표현할 수 있습니다.
작년 수확량이 360상자이므로 작년 귤 수확량은
$360\times\frac{4}{15}=96$(상자)입니다.
작년 귤 수확량이 96상자이고 올해에는 25% 늘었으므로 올해의 귤 수확량은 $96\times(1+\frac{25}{100})=96\times(1+0.25)=96\times1.25=120$(상자)입니다.

5 단계별 힌트

단계	힌트
1단계	띠그래프는 전체에 대한 각 부분의 비율을 띠 모양으로 나타낸 것입니다.
2단계	수학과 국어의 백분율의 차를 알아봅니다.
3단계	20%가 10명이면, 100%는 몇 명입니까?

수학이 띠그래프 전체 길이 10cm 중 3.6cm를 차지하므로 수학의 백분율은 3.6÷10×100=36(%)입니다.
수학의 백분율은 36%, 국어의 백분율은 16%이므로 수학을 좋아하는 학생은 국어를 좋아하는 학생보다 36−16=20(%) 더 많습니다. 전체의 20%가 10명이므로 전체의 100%는 10×5=50(명)입니다.
과학을 좋아하는 학생의 백분율은 100−(36+24+16+4)=20(%)입니다. 따라서 과학을 좋아하는 학생은 $50\times\frac{20}{100}=10$(명)입니다.

6 단계별 힌트

단계	힌트
1단계	직육면체의 부피를 구하는 공식이 무엇입니까?
2단계	(직육면체의 부피)=(가로)×(세로)×(높이)
3단계	가로, 세로, 높이가 각각 3배가 되었을 때의 직육면체의 부피를 식으로 써 봅니다.

(직육면체의 부피)=(가로)×(세로)×(높이)입니다.
모든 모서리의 길이를 각각 3배로 늘였으므로
(늘인 직육면체의 부피)=(가로)×3×(세로)×3×(높이)×3
=(가로)×(세로)×(높이)×27
=(처음 직육면체의 부피)×27
따라서 늘인 직육면체의 부피는 처음 직육면체의 부피의 27배입니다.
처음 직육면체의 부피는 6×10×4=240(cm^3)이므로 늘인 직육면체의 부피는 240×27=6480(cm^3)입니다.

7 단계별 힌트

단계	힌트
1단계	사각형 ㄱㄴㅁㅂ의 넓이는 어떻게 구합니까?
2단계	삼각형 ㄱㄴㅁ과 삼각형 ㄱㅂㅁ은 선분 ㄱㅁ을 대칭축으로 한 선대칭도형입니다.
3단계	선분 ㄴㅁ의 길이는 삼각형의 넓이를 구하는 공식을 이용해 구할 수 있습니다.

(전체 직사각형의 넓이)=8×10=80(cm^2)
(사각형 ㄱㄴㅁㅂ의 넓이)=80×0.5=40(cm^2)
삼각형 ㄱㄴㅁ과 삼각형 ㄱㅂㅁ은 선분 ㄱㅁ을 대칭축으로 한 선대칭도형입니다. 따라서 삼각형 ㄱㅂㅁ과 삼각형 ㄱㄴㅁ의 넓이가 같으므로 (삼각형 ㄱㄴㅁ의 넓이)=40÷2=20(cm^2)입니다.
삼각형 ㄱㄴㅁ의 넓이가 20cm^2고 높이는 10cm입니다.
따라서 (삼각형 ㄱㄴㅁ의 넓이)=10×(변 ㄴㅁ)÷2=20이므로
(변 ㄴㅁ)=20÷10×2=4(cm)입니다.
따라서 변 ㅁㄷ의 길이는 8−(변 ㄴㅁ)=8−4=4(cm)입니다.
(비율)=(비교하는 양)÷(기준량)이므로, 변 ㄹㄷ의 길이에 대한 변 ㅁㄷ의 길이의 비율은 4÷10=0.4입니다. 이를 백분율로 나타내면 0.4×100(%)=40(%)입니다.

8 단계별 힌트

단계	힌트
1단계	기차가 터널을 통과하려면 얼마큼의 거리를 달려야 합니까?
2단계	기차가 터널을 완전히 통과하기까지 달리는 거리는 (터널의 길이)+(기차의 길이)입니다.
3단계	속력 공식을 떠올려 봅니다. (시간)=(거리)÷(속력)입니다.

기차가 터널을 통과하기 위해서는 (터널의 길이)+(기차의 길이)인 2400+200=2600(m)를 달려야 합니다.
기차가 1분에 800m씩 달리므로, 기차가 2600m를 가는 데 걸리는 시간은 2600÷800=3.25(분)입니다.
$3.25=3\frac{25}{100}=3\frac{1}{4}=3\frac{15}{60}$고, $3\frac{15}{60}$분은 3분 15초입니다.

②세트

• 52쪽~55쪽

1. 15cm **2.** 10% **3.** 4.05kg
4. 2000개 **5.** 55% **6.** 1056cm^3
7. 1분 50초 후 **8.** 3cm

1

단계별 힌트

1단계	(각기둥의 모든 모서리의 길이의 합)=(한 밑면의 둘레)×2+(높이)×(한 밑면의 변의 수)
2단계	정오각기둥의 모서리 수는 15개입니다.

(각기둥의 모든 모서리의 길이의 합)
=(한 밑면의 둘레)×2+(높이)×(한 밑면의 변의 수)입니다.
모든 모서리의 길이의 합은 200cm고 밑면의 변이 5개이므로, 다음의 식을 세울 수 있습니다.
(한 밑면의 둘레)×2+10×5=200
→ (한 밑면의 둘레)×2+50=200
→ (한 밑면의 둘레)×2=150
→ (한 밑면의 둘레)=150÷2=75(cm)입니다.
밑면은 정오각형이고, 그 둘레가 75cm이므로 밑면의 한 변의 길이는 75÷5=15(cm)입니다.

2

단계별 힌트

1단계	두 소금물에 소금이 얼마나 들었는지부터 확인합니다.
2단계	(소금의 양)=$\frac{(농도)}{100}$×(소금물의 양)입니다.
3단계	소금물이 섞였다면, 소금의 양은 어떻게 변합니까?

진하기가 2%인 소금물 100g에 들어 있는 소금의 양은
$\frac{2}{100}\times100=2$(g)입니다.
진하기가 14%인 소금물 200g에 들어 있는 소금의 양은
$\frac{14}{100}\times200=28$(g)입니다.
소금물을 섞어도 소금의 양은 변하지 않으므로 두 소금물에 들어 있던 소금의 양을 그대로 더해서 계산하면 됩니다. 소금물의 전체 양은 100+200=300(g)이고 소금의 양은 2+28(g)이므로
소금물의 진하기는 $\frac{30}{300}\times100=10$(%)입니다.

3

단계별 힌트

1단계	책 10권의 무게는 어떻게 계산할 수 있습니까?
2단계	책 15권이 들어 있는 상자에서 책 10권을 빼고 무게를 다시 쟀습니다. 무게 차이는 꺼낸 책 10권의 무게와 같습니다.
3단계	책 1권의 무게는 어떻게 구합니까?

책 15권이 들어 있는 상자의 무게에서 책 10권을 꺼낸 후 다시 잰 무게의 차이를 구하면 곧 책 10권의 무게를 구할 수 있습니다.
32.33−12.13=20.2(kg)입니다.
책 10권의 무게가 20.2kg이므로 책 1권의 무게는
20.2÷10=2.02(kg)입니다.
책 15권의 무게는 15×2.02=30.3(kg)이므로, 빈 상자의 무게는
32.33−30.3=2.03(kg)입니다.
따라서 책 1권이 들어 있는 상자의 무게는 2.02+2.03=4.05(kg)입니다.

4

단계별 힌트

1단계	□보다 20%만큼 줄어든 양은 곧 □의 80%입니다.
2단계	12월 판매량을 이용해서 11월 판매량을 구하고, 11월 판매량을 이용해서 10월 판매량을 구합니다.

12월 판매량은 11월 판매량보다 20% 줄었으므로 12월 판매량 800개는 11월 판매량의 100−20=80(%)와 같습니다.
11월 판매량의 80%가 800개이므로 11월 판매량의 10%는
800÷8=100(개)입니다.
즉 11월 판매량은 100×10=1000(개)입니다.
11월 판매량은 10월 판매량보다 50% 줄었으므로 10월 판매량의 50%와 같습니다.
10월 판매량의 50%가 1000(개)이므로 10월 판매량은 1000×2=2000(개)입니다.

5

단계별 힌트

1단계	4학년과 5학년을 합한 중심각의 크기는 90°입니다.
2단계	5학년의 백분율부터 구하면 나머지 학년의 백분율을 구할 수 있습니다.
3단계	(5학년 백분율)+(6학년 백분율)=70%

4학년과 5학년이 차지하는 중심각의 크기의 합이 90°이므로 4학년

과 5학년 학생의 백분율은 $\frac{90°}{360°}\times100=25(\%)$입니다.
4학년 학생의 백분율은 10%이므로 5학년 학생의 백분율은 $25-10=15(\%)$입니다.
6학년 또는 5학년 학생의 백분율이 70%이므로 6학년 학생의 백분율은 $70-15=55(\%)$입니다.

6 단계별 힌트

1단계	직육면체 부피는 (가로)×(세로)×(높이)입니다.
2단계	주어진 종이를 뚜껑이 없는 직육면체의 전개도로 생각해 봅니다. 밑면을 어디로 놓으면 좋겠습니까?
3단계	직육면체의 가로, 세로, 높이를 각각 구해 봅니다.

직사각형 모양의 종이로 상자를 만들면 연두색으로 표시한 부분이 밑면이 됩니다. 모두 한 변의 크기가 4cm인 정사각형으로 귀퉁이를 오렸으므로 이를 이용해 직육면체 전개도에서 가로, 세로, 높이를 구합니다.

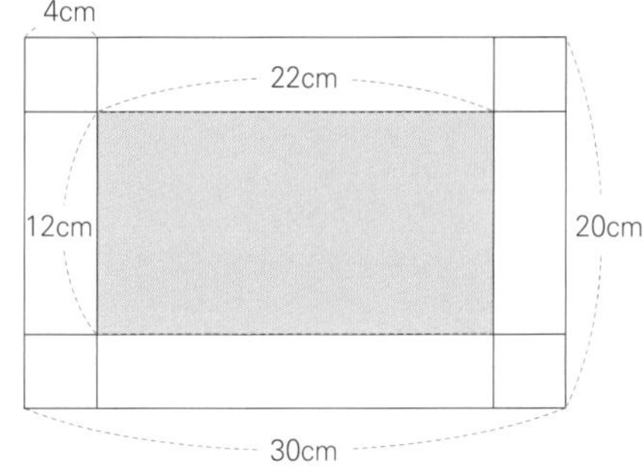

$(가로)=30-4\times2=22(cm)$, $(세로)=20-4\times2=12(cm)$, $(높이)=4(cm)$입니다.
따라서 상자의 부피는 $22\times12\times4=1056(cm^3)$입니다.

7 단계별 힌트

1단계	1분 동안 두 기차의 거리는 얼마나 벌어집니까? 이를 두 기차가 벌어지는 속력이라고 표현할 수 있습니다.
2단계	(시간)=(거리)÷(속력)입니다.
3단계	1분 동안 두 기차 사이가 벌어지는 거리를 안다면, $12\frac{5}{6}$km가 되었을 때 걸린 시간은 $12\frac{5}{6}\div$(1분 동안 두 기차가 만드는 거리)입니다.

(1분 후 두 기차 사이의 거리)$=4\frac{1}{3}+2\frac{2}{3}=7(km)$
따라서 $12\frac{5}{6}$km가 되었을 때 걸린 시간은
$12\frac{5}{6}\div7=\frac{77}{6}\div7=\frac{77}{6}\times\frac{1}{7}=\frac{11}{6}$(분)
따라서 두 기차 사이의 거리가 $12\frac{5}{6}$km가 되었을 때는 출발한 지 $\frac{11}{6}$분 후입니다.
$\frac{11}{6}=1\frac{5}{6}=1\frac{50}{60}$이므로 1분 50초 후입니다.

8 단계별 힌트

1단계	전개도를 그려 봅니다.
2단계	두 점을 연결하는 선이 가장 짧으려면 곡선이 아닌 선분이어야 합니다.
3단계	"선분 ㄴㅇ과 선분 ㅇㅁ의 길이의 비는 몇 대 몇이야?"

연결한 선의 길이가 가장 짧으려면 선분이어야 합니다. 따라서 삼각기둥의 전개도에 선분을 그려 봅니다.

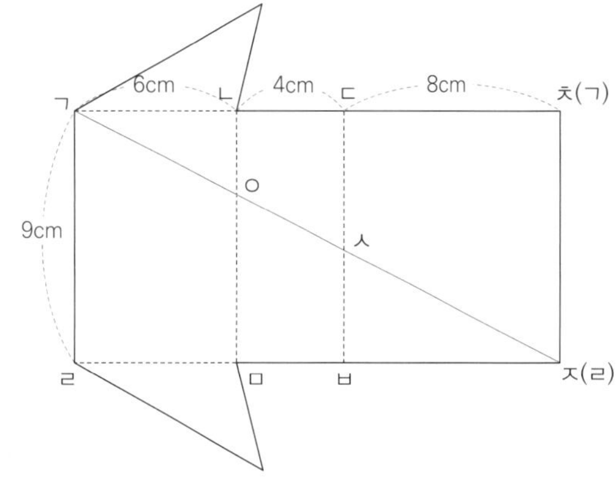

1. 선분 ㄱㄴ은 6cm이므로 선분 ㄱㅊ의 길이 18cm의 $\frac{1}{3}$입니다. 따라서 사각형 ㄱㄹㅁㄴ은 사각형 ㄱㄹㅈㅊ의 $\frac{1}{3}$입니다. 다시 말해 사각형 ㄱㄹㅈㅊ을 3등분한 것 중의 하나와 같습니다.
2. 선분 ㄱㅈ은 사각형 ㄱㄹㅈㅊ을 가로지르는 대각선입니다. 따라서 선분 ㄱㅈ은 선분 ㄴㅁ의 $\frac{1}{3}$ 지점인 점 ㅇ에서 만나게 됩니다.
3. 옆면의 전개도를 각각 가로와 세로로 3등분해 보면, 선분 ㄱㅈ의 $\frac{1}{3}$ 지점을 통과하는 점 ㅇ은 사각형 ㄱㄹㅈㅊ의 가로 기준 $\frac{1}{3}$ 지점과 세로 기준 $\frac{1}{3}$ 지점을 통과함을 알 수 있습니다.

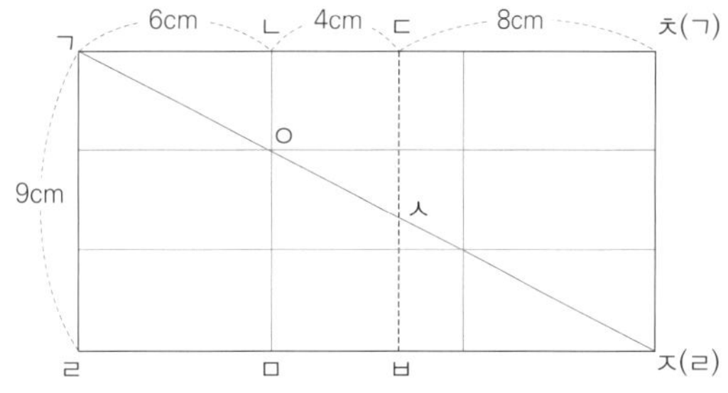

4. 따라서 선분 ㄴㅇ은 높이 9cm의 $\frac{1}{3}$인 3cm입니다.

③세트

•56쪽~59쪽

1. $\frac{1}{12}$kg 2. 12개 3. 83.75km
4. 90000원 5. 62권 6. 1728cm^3
7. 4.61cm^2 8. 1600g

1

단계별 힌트

1단계	귤 □개를 먹고 무게를 재면 기존에 잰 귤 상자의 무게에서 사과 □개의 무게만큼이 덜 나가게 됩니다.
2단계	귤 26개의 무게를 구해 봅니다.
3단계	귤 1개의 무게는 2단계에서 구한 무게를 이용해 구할 수 있습니다.

귤 26개의 무게는 귤 36개가 들어 있는 상자의 무게에서 나머지 귤이 들어 있는 상자의 무게를 빼서 구합니다.

$4\frac{1}{2}-2\frac{1}{3}=\frac{9}{13}-\frac{7}{3}=\frac{27}{6}-\frac{14}{6}=\frac{13}{6}$(kg)

귤 26개의 무게가 $\frac{13}{6}$kg이므로 귤 1개의 무게는

$\frac{13}{6}\div26=\frac{13}{6}\times\frac{1}{26}=\frac{1}{12}$(kg)입니다.

2

단계별 힌트

1단계	아무 각뿔을 하나 그리고 밑면과 평행하게 잘라 봅니다.
2단계	각뿔을 잘랐을 때, 아래 입체도형에는 원래 없던 면이 하나 더 생겼습니다.
3단계	아래 입체도형의 모서리의 수를 계산하는 방식은 각기둥의 모서리의 수를 계산하는 방식과 같습니다.

각뿔을 밑면과 평행하게 자르면 위는 각뿔, 아래는 두 밑면의 크기가 다르고 옆면의 모양이 사다리꼴인 입체도형으로 나누어집니다.
위의 각뿔보다 아래의 입체도형이 면의 수가 하나 더 많습니다.
아래 입체도형의 밑면의 변의 수를 □개라고 하고 식을 세워 봅니다.
(두 밑면의 변의 수)+(옆면의 모서리의 수)=18이므로
□×3=18입니다. 따라서 □=6(개)입니다.
각뿔의 밑면의 모양은 육각형입니다. 따라서 나머지 입체도형은 육각뿔임을 알 수 있습니다. 육각뿔의 모서리의 수는 6×2=12(개)입니다.

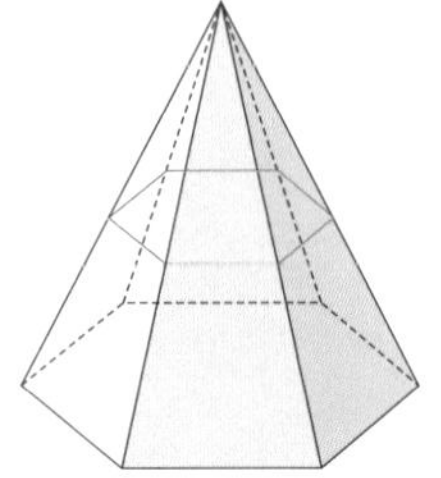

보충 개념

각뿔을 밑면과 평행하게 잘랐을 때 위의 입체도형은 그대로 각뿔이 되고, 밑은 두 밑면의 크기가 다르고 옆면의 모양이 사다리꼴인 입체도형이 됩니다. 이 입체도형을 각뿔대라고 부릅니다. 각뿔대는 각기둥과 면의 수, 모서리의 수, 꼭짓점의 수가 같습니다. 하지만 각기둥과 달리, 두 밑면의 크기가 다르고 두 밑면이 옆면과 직각으로 만나지 않습니다.

3

단계별 힌트

1단계	(□km를 가는 데 필요한 연료)=(□km)÷(1L의 연료로 갈 수 있는 거리)
2단계	(이동 거리)=(연료의 양)×(1L의 연료로 갈 수 있는 거리)

A 자동차는 연료 1L로 8km를 갈 수 있으므로 670km를 가는 데 필요한 연료의 양은 670÷8=83.75(L)입니다.
83.75의 $\frac{1}{5}$은 83.75÷5=16.75(L)입니다.
B 자동차는 연료 1L로 5km를 갈 수 있으므로
16.75L로 갈 수 있는 거리는 16.75×5=83.75(km)입니다.

4

단계별 힌트

1단계	20% 할인된 판매 가격은 원래 가격의 80%라고 계산할 수 있습니다.
2단계	원래 가격의 80%가 72,000이면 원래 가격의 10%는 어떻게 구할 수 있습니까?
3단계	원래 가격의 10%를 구하면, 여기에 10을 곱해 원래 가격을 구할 수 있습니다.

신발의 가격을 20% 할인하였으므로 할인된 판매 가격은 원래 가격의 100−20=80(%)입니다.
원래 가격의 80%가 72000원이므로 원래 가격의 10%는
72000÷8=9000(원)입니다.
따라서 원래 신발의 가격은 9000×10=90000(원)입니다.

5

단계별 힌트

1단계	어제의 백분율을 기준으로 생각합니다.
2단계	백분율과 실제 수는 비례합니다. 즉 □개가 전체의 △%라면, (4×□)개는 전체의 (4×△)%입니다.
3단계	소설책 12권은 곧 어제 책의 24%입니다. 따라서 소설책 1권은 어제 백분율의 2%입니다.

어제 학습만화의 백분율이 16%, 소설책의 백분율이 40%였습니다. 만약 소설책 수가 학습만화 수의 4배가 되려면 소설책의 백분율은 16×4=64(%)가 되어야 합니다.

어제 있던 소설책에 오늘 산 소설책 12권을 더하면 백분율이 40%에서 64%로 24%만큼 늘어나므로, 12권은 전체의 24%입니다.
전체의 24%가 12권이므로 전체의 2%는 $12 \div 12 = 1$(권)이고, 어제 수연이의 책꽂이에 있는 전체 책의 권수(100%)는 $1 \times 50 = 50$(권)입니다.
오늘 12권을 더 구입했으므로 오늘 수연이의 책꽂이에 있는 책은 모두 $50 + 12 = 62$(권)입니다.

6 단계별 힌트

1단계	정육면체는 가로, 세로, 높이의 크기가 모두 같습니다.
2단계	2, 4, 6의 최소공배수는 얼마입니까?
3단계	정육면체의 부피는 (가로)×(세로)×(높이)입니다.

주어진 직육면체를 정육면체 모양의 상자 안에 빈틈없이 쌓는다고 생각해 봅니다.
만들 수 있는 가장 작은 정육면체의 한 모서리의 길이는 2, 4, 6의 최소공배수인 12cm입니다.
따라서 만들 수 있는 가장 작은 정육면체의 부피는
$12 \times 12 \times 12 = 1728(cm^3)$입니다.

7 단계별 힌트

1단계	가로를 0.5배, 세로를 6배 하면 넓이는 몇 배가 됩니까?
2단계	정사각형의 넓이를 □cm^2로 하고, 사각형의 넓이를 구하는 공식을 이용해 식을 세워 봅니다.
3단계	그림을 그려서 생각해 봅니다.

정사각형의 넓이를 □cm^2로 하여 식을 만들어 봅니다.
(정사각형의 넓이) = (한 변) × (한 변) = □cm^2
(새로 그린 직사각형의 넓이) = (한 변) × 0.5 × (한 변) × 6
= (한 변) × (한 변) × 3 = □ × 3
새로 그린 직사각형의 넓이가 정사각형의 9.22cm^2만큼 늘었으므로 다음의 식이 성립합니다.
□ × 3 = □ + 9.22
→ □ + □ + □ = □ + 9.22
→ □ × 2 = 9.22
→ □ = 9.22 ÷ 2 = 4.61(cm^2)

다른 풀이
그림을 그려서 생각해 봅니다. 노란 정사각형을 하나 그린 후, 가로를 0.5배, 세로를 6배 하여 파란 직사각형을 그립니다.

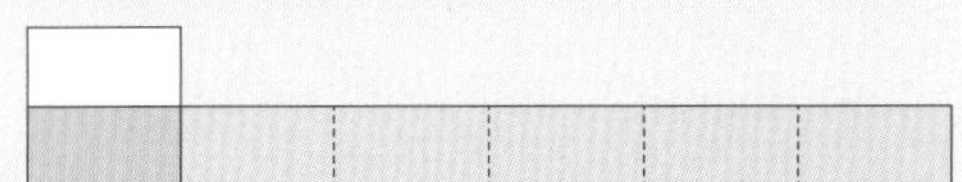

정사각형은 작은 직사각형 2개로 이루어져 있습니다. 즉 정사각형 3개는 작은 직사각형 6개의 넓이와 같습니다. 즉 노란 정사각형과 파란 직사각형의 넓이는 3배 차이가 납니다. 따라서 두 사각형은 작은 직사각형 4개의 넓이만큼 차이 납니다.
그러므로 (작은 직사각형 4개의 넓이) = 9.22cm^2
(정사각형의 넓이) = (작은 직사각형 2개의 넓이) = 4.61cm^2

8 단계별 힌트

1단계	(소금물의 진하기) = $\frac{(소금의\ 양)}{(소금물의\ 양)}$
2단계	진하기가 10%인 소금물 400g에 들어 있는 소금의 양은 어떻게 계산합니까?
3단계	물을 더 부어도 소금의 양은 변하지 않는다는 사실을 이용해 식을 세워 봅니다.

소금물 400g의 진하기가 10%이므로, 소금물 400g에 녹아 있는 소금의 양은 $400 \times \frac{10}{100} = 40$(g)입니다.
더 부은 물의 양을 □g이라 하고 소금의 양, 소금물의 양을 이용해 식을 세웁니다. 물을 더 넣은 소금물의 진하기는 $2\% = \frac{2}{100}$이므로 다음의 식이 성립합니다.
$\frac{소금의\ 양}{소금물의\ 양} = \frac{40}{400+□} = \frac{2}{100}$
→ $\frac{40}{400+□} = \frac{40}{2000}$
→ 400 + □ = 2000
→ □ = 1600(g)
더 넣은 물의 양은 1600g입니다.

④세트 •60쪽~63쪽

1. 104cm^2 **2.** 34명 **3.** 8
4. 28cm **5.** 20일 **6.** 325cm^3
7. 8분 30초 후 **8.** 3개

1 단계별 힌트

1단계	겉넓이를 구하려면, 보이는 면을 다 세면 됩니다. 앞, 뒤, 양옆, 위, 아래에서 봤을 때 보이는 면을 다 세어 봅니다.
2단계	잘되지 않으면 쌓기나무를 이용해 입체도형을 직접 만들어 봅니다.

쌓기나무로 만든 입체도형의 앞, 뒤, 양옆, 위, 아래에서 볼 때 보이는 면을 세어 봅니다.

1. 앞과 뒤에서 본 모양은 다음과 같습니다.

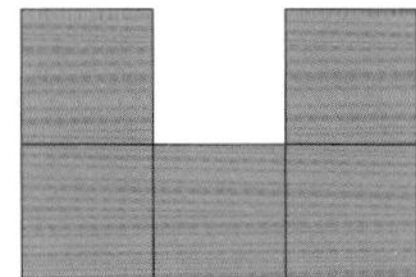

앞에서 보이는 면의 수는 5개입니다.
뒤에서 보이는 면의 수도 5개입니다.
따라서 총 10개의 면이 있습니다.
2. 양옆에서 본 모양은 다음과 같습니다.

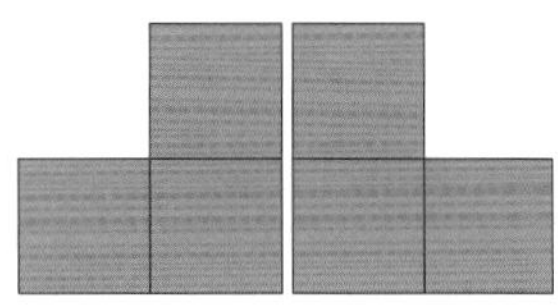

오른쪽에서 보이는 면의 수는 3개입니다.
왼쪽에서 보이는 면의 수는 3개입니다.
따라서 총 6개의 면이 있습니다.
3. 위와 아래에서 본 모양은 다음과 같습니다.

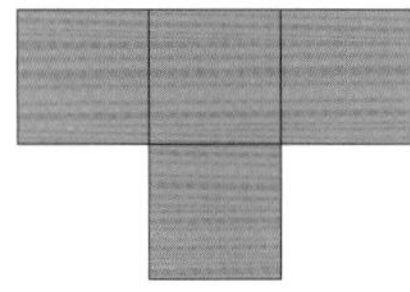

위에서 보이는 면의 수는 4개입니다.
아래에서 보이는 면의 수는 4개입니다.
따라서 총 8개의 면이 있습니다.
4. 쌓기나무 사이 안쪽으로 보이는 면이 2개 있습니다.

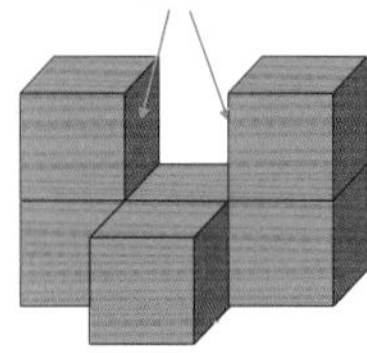

5. 입체도형은 총 10+6+8+2=26(개)의 면을 갖고 있습니다. 모든 면은 똑같은 크기의 정사각형이므로, 쌓기나무로 만든 입체도형의 겉넓이는 쌓기나무의 한 면의 넓이의 26배입니다.
쌓기나무 한 면의 넓이가 $2\times2=4(cm^2)$이므로 입체도형의 겉넓이는 $4\times26=104(cm^2)$입니다.

2 단계별 힌트

1단계	개학 후 남학생과 여학생의 비율을 분수로 표현하면 각각 $\frac{6}{17}$과 $\frac{11}{17}$입니다.
2단계	전체 학생 수가 340명입니다. 남학생과 여학생의 비율을 이용해 각각의 수를 구할 수 있습니다.
3단계	여학생 수는 변함이 없습니다.

1. 8월에 남학생과 여학생 수의 비가 6 : 11이므로 전체 학생에 대한 남학생의 비율은 $\frac{6}{17}$, 전체 학생에 대한 여학생의 비율은 $\frac{11}{17}$입니다.
2. 학생 수를 구해 봅니다. 8월에 전체 학생은 340명이므로 남학생은 $340\times\frac{6}{17}=120$(명)이고, 여학생은 $340\times\frac{11}{17}=220$(명)입니다.
3. 6월 전체 학생에 대한 남학생의 비율은 $\frac{7}{17}$, 전체 학생에 대한 여학생의 비율은 $\frac{10}{17}$입니다. 그런데 여학생은 1명도 전학 가지 않았으므로 여학생은 6월에도 220명이었습니다. 따라서 전체의 $\frac{10}{17}$이 220명이므로 전체의 $\frac{1}{17}$은 $220\div10=22$(명)이고,
남학생의 수는 전체의 $\frac{7}{17}$이므로 $22\times7=154$(명)입니다.
따라서 올해 전학 간 남학생은 $154-120=34$(명)입니다.

3 단계별 힌트

1단계	소수점 아래에서 반복되는 숫자의 규칙을 찾아봅니다.

소수점 아래에서 나누어떨어지지 않으면 0을 계속 내려 계산합니다.
$9\div11$을 계산해 보면 0.81818181…로 소수점 아래에 숫자 8과 1이 계속 반복됩니다.
8은 소수점 아래 홀수 번째에 나오고, 1은 소수점 아래 짝수 번째에 나옵니다. 따라서 소수 19번째 자리 숫자는 8입니다.

선행 개념
이처럼 소수점 아래로 0 이 아닌 숫자가 무한히 많은 소수를 무한소수라고 합니다. 0.818181…처럼 똑같은 숫자들이 반복되는 소수는 '수가 순환한다'는 뜻에서 순환소수라고 합니다. 이 문제는 수가 반복되는 규칙만 알면 쉬우니 자리 수가 늘어난다고 자레 겁부터 먹지 않도록 합니다.

4 단계별 힌트

1단계	정사각형은 모든 변의 길이가 같습니다.
2단계	사각기둥의 높이를 이루는 모서리의 길이는 모두 같습니다.
3단계	사각기둥의 높이를 이루는 모서리의 길이를 □로 놓고 식을 세워 봅니다.

높이를 □cm라 하면 사각기둥의 모든 모서리의 길이의 합을 구하는 다음의 식을 세울 수 있습니다.
(10×4)×2+(□×4)=192
→ 80+(□×4)=192
→ □×4=112
→ □=112÷4=28(cm)

5 단계별 힌트

1단계	전체 일의 양을 1로 생각하고, 하루 동안 하는 일의 양을 분수로 나타내 봅니다.
2단계	승우와 지수가 하루에 하는 일의 양은 전체의 몇 분의 몇입니까?
3단계	승우가 하루에 하는 일의 양은 전체의 몇 분의 몇입니까?

승우와 지수가 함께 전체 일의 $\frac{1}{2}$을 하는 데 2일이 걸립니다.
따라서 승우와 지수가 함께 하루 동안 하는 일의 양은
$\frac{1}{2} \div 2 = \frac{1}{2} \times \frac{1}{2} = \frac{1}{4}$입니다.
한편 승우가 혼자서 이 일을 끝내는 데 5일이 걸리므로
승우가 하루 동안 할 수 있는 일의 양은 $1 \div 5 = \frac{1}{5}$입니다.
따라서 지수가 혼자서 하루 동안 하는 일의 양은
$\frac{1}{4} - \frac{1}{5} = \frac{5}{20} - \frac{4}{20} = \frac{1}{20}$입니다.
따라서 지수가 혼자서 이 일을 하면 20일 만에 끝낼 수 있습니다.

6 단계별 힌트

1단계	어항 전체의 부피를 구해 봅니다.
2단계	비어 있는 부분은 삼각기둥 모양입니다.
3단계	어항 전체 부피에서 비어 있는 부분의 부피를 빼면 물의 부피가 나옵니다.

물을 가득 채운 어항을 그림처럼 기울인 후에 앞에서 본 모습은 다음과 같습니다.

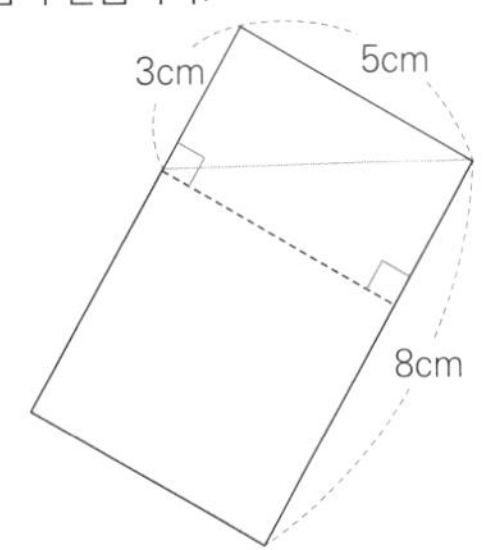

비어 있는 부분의 부피는 가로 5cm, 세로 3cm, 높이 10cm인 직육면체의 부피의 절반입니다.
(비어 있는 부분의 부피) $= 5 \times 3 \times 10 \div 2 = 75(\text{cm}^3)$
(어항 전체의 부피) $= 5 \times 10 \times 8 = 400(\text{cm}^3)$
따라서 (남은 물의 부피) = (어항 전체의 부피) − (비어 있는 부분의 부피) $= 400 - 75 = 325(\text{cm}^3)$

7 단계별 힌트

1단계	1km 428m는 1428m입니다.
2단계	지환이와 준형이가 1분 동안 걷는 거리를 이용해 출발한 지 1분 후 두 사람 사이의 거리를 생각해 봅니다.
3단계	같은 지점에서 반대 방향으로 걷는 두 사람이 만나기 위해 걸어야 하는 총 거리는 운동장 1바퀴 거리입니다.

지환이는 2분 동안 200.2m를 걸으므로 지환이가 1분 동안 걷는 거리는 $200.2 \div 2 = 100.1(\text{m})$입니다.
준형이는 3분 동안 203.7m를 걸으므로 준형이가 1분 동안 걷는 거리는 $203.7 \div 3 = 67.9(\text{m})$ 입니다.
두 사람이 같은 지점에서 동시에 출발하여 반대 방향으로 걸으면 1분 지날 때마다 $100.1 + 67.9 = 168(\text{m})$씩 멀어집니다.
산책로의 둘레가 1km 428m입니다. 단위를 통일하기 위해 1428m로 고칩니다.
두 사람은 출발한 지 $1428 \div 168 = 8.5$(분) 후에 만납니다.
0.5분은 30초이므로 두 사람은 8분 30초 후에 만나게 됩니다.

8 단계별 힌트

1단계	잘라서 생긴 두 입체도형의 겨냥도를 그려 봅니다.

면 ㄱㄴㄷ을 따라 자르면 두 개의 입체도형이 생깁니다. 각각의 겨냥도를 그려 봅니다.

① 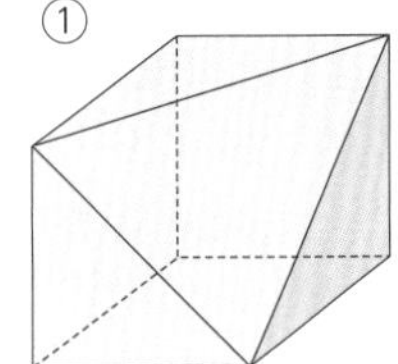 ② 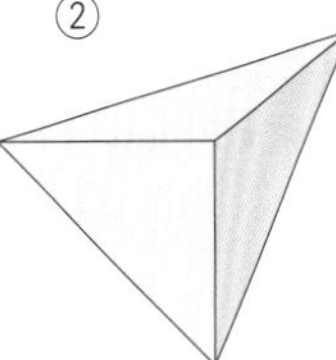

①의 면의 수는 7개이고, ②는 삼각뿔이므로 면의 수는 4개입니다.
따라서 두 입체도형의 면의 수의 차는 $7 - 4 = 3$(개)입니다.

⑤세트

•64쪽~67쪽

1. $\frac{7}{72}$ 2. 8개 3. 262.5cm^2
4. 24cm^2 5. 2.5kg 6. $\frac{8}{3}$cm
7. 2m 8. 1500cm^2

1 단계별 힌트

1단계	□÷○=$\frac{□}{○}$이므로 $\frac{□}{○}$=□÷○로 나타낼 수 있습니다. 따라서 ㉠△㉡=$\frac{㉡}{㉠\times㉠}$=㉡÷(㉠×㉠)입니다. 분수를 나눗셈식으로 바꾸면 계산이 한결 쉽습니다.

2단계	약속셈 기호가 두 번 나옵니다. 이때 괄호 안을 먼저 약속셈에 따라 계산하고, 나온 값을 다시 약속셈에 따라 계산합니다.

$㉠△㉡=\frac{㉡}{㉠\times㉠}=㉡\div(㉠\times㉠)$으로 나타낼 수 있습니다.

1. 괄호 안 $2△3\frac{1}{2}$부터 계산합니다.

$2△3\frac{1}{2}=3\frac{1}{2}\div(2\times2)=3\frac{1}{2}\times\frac{1}{4}=\frac{7}{2}\times\frac{1}{4}=\frac{7}{8}$

2. $2△3\frac{1}{2}=\frac{7}{8}$이므로, $3△\frac{7}{8}$을 계산해 답을 찾습니다.

$3△\frac{7}{8}=\frac{7}{8}\div(3\times3)=\frac{7}{8}\times\frac{1}{9}=\frac{7}{72}$

따라서 $3△(2△3\frac{1}{2})=3△\frac{7}{8}=\frac{7}{72}$입니다.

2 단계별 힌트

1단계	꼭짓점 한 군데를 자를 때마다 새로운 꼭짓점, 모서리, 면이 몇 개씩 생겨납니까?
2단계	자른 꼭짓점에 3개의 면이 모여 있으므로 한 번 자를 때 꼭짓점의 수는 1개 줄어들고 3개 늘어납니다.
3단계	파악이 잘되지 않으면 직접 세어 봅니다.

꼭짓점 한 군데를 자를 때마다 새로운 꼭짓점, 모서리, 면이 생깁니다. 자른 꼭짓점에 3개의 면이 모여 있으므로 한 번 자를 때 꼭짓점의 수는 1개 줄어들고 3개 늘어납니다. 즉, 한 번 자를 때 꼭짓점이 2개씩 늘어납니다. 따라서 네 꼭짓점을 잘라 내고 남은 입체도형의 꼭짓점의 수는 잘라 내기 전보다 $2\times4=8$(개) 더 많습니다.

3 단계별 힌트

1단계	4등분한 4칸 중 2칸만 칠합니다. 따라서 칠하는 넓이는 절반입니다.
2단계	첫 번째, 두 번째, 세 번째 늘어나는 면적을 구해 봅니다.
3단계	규칙을 생각하여 색칠된 부분의 넓이를 식으로 나타내 봅니다.

1. 첫 번째 모양의 색칠된 부분의 넓이를 구해 봅니다. 처음 정사각형의 넓이의 반이므로 $400\div2=200(cm^2)$입니다.
2. 두 번째 모양의 색칠된 부분의 넓이를 구해 봅니다. 첫 번째 모양의 색칠된 부분의 넓이에 새로 칠해진 부분의 넓이를 더하면 됩니다. 새로 칠한 부분의 넓이는 처음 정사각형을 4등분한 것 중 하나의 절반입니다. 식으로 쓰면 다음과 같습니다.

(두 번째 모양의 색칠된 부분의 넓이)
=(정사각형의 넓이)÷2+(정사각형의 넓이)÷4÷2
=(400÷2)+(400÷4÷2)=200+50=250

3. 같은 방식으로 세 번째 모양의 색칠된 부분의 넓이도 구합니다.

(세 번째 모양의 색칠된 부분의 넓이)
=(정사각형의 넓이)÷2+(정사각형의 넓이)÷4÷2+(정사각형의 넓이)÷4÷4÷2
=(400÷2)+(400÷4÷2)+(400÷4÷4÷2)
=200+50+12.5=262.5(cm^2)

4 단계별 힌트

1단계	직육면체 겉넓이는 어떻게 구합니까?
2단계	빗금 친 부분은 (가로)×(세로)이므로 가로와 세로가 몇인지 각각 구할 필요 없이 (가로)×(세로)의 값을 알면 됩니다.

직육면체의 겉넓이를 구하는 식을 만들어 봅니다.

(직육면체의 겉넓이)
={(가로)×(세로)+(가로)×(높이)+(세로)×(높이)}×2이므로
{(가로)×(세로)+(가로)×10+(세로)×10}×2=248(cm^2)입니다.

식을 정리해 봅니다.

{(가로)×(세로)+(가로)×10+(세로)×10}×2=248
→ {(가로)×(세로)+(가로+세로)×10}×2=248
(가로)+(세로)=10이므로
{(가로)×(세로)+10×10}×2=248
→ {(가로)×(세로)+10×10}=124
→ (가로)×(세로)+100=124
→ (가로)×(세로)=24

빗금 친 부분의 넓이는 (가로)×(세로)이므로 답은 $24cm^2$입니다.

5 단계별 힌트

1단계	치즈의 절반은 수분이므로, 나머지 절반인 50%가 영양 성분입니다.
2단계	치즈의 단백질 양은 영양 성분의 50%이므로, 수분을 고려하여 계산하면 치즈 300g에 들어 있는 단백질의 양은 치즈 무게의 50%의 50%입니다. 이를 식으로 써 봅니다.
3단계	브로콜리의 90%는 수분이므로, 수분을 제외한 영양 성분은 10%입니다.

치즈의 절반은 수분이므로 치즈 300g에 들어 있는 단백질의 양은 300g의 50%의 50%입니다. 이를 식으로 쓰면 다음과 같습니다.

$300\times\frac{50}{100}\times\frac{50}{100}=75(g)$

같은 방법으로 브로콜리 100g에 들어 있는 단백질의 양을 계산하면 100g의 10%의 30%입니다.

$100\times\frac{10}{100}\times\frac{30}{100}=3(g)$

브로콜리 100g에는 3g의 단백질이 있습니다.

75÷3=25이므로, 단백질 75g을 먹기 위해서는 브로콜리를 100g의 25배인 2500g을 먹어야 합니다. 단위를 킬로그램으로 바꾸면 2.5kg입니다.

6

단계별 힌트

1단계	색칠한 직사각형의 가로가 세로의 몇 배인지 생각해 봅니다.
2단계	색칠한 직사각형의 세로를 □cm로 놓고 식을 세워 봅니다.
3단계	색칠한 직사각형의 세로가 □라면 가로는 □×3입니다. 둘레의 길이는 $1\frac{7}{9}$입니다.

정사각형을 세로로 3등분했으므로, 색칠한 직사각형의 가로는 세로의 3배입니다. 따라서 세로를 □cm라 하면 가로는 (□×3)cm입니다.

직사각형의 가로와 세로의 합은 □+□×3=□×4입니다.

그런데 둘레의 길이가 $1\frac{7}{9}$이므로 □×4=$1\frac{7}{9}\div2=\frac{16}{9}\times\frac{1}{2}=\frac{8}{9}$

→ □×4=$\frac{8}{9}$

→ □=$\frac{8}{9}\div4=\frac{8}{9}\times\frac{1}{2}=\frac{2}{9}$(cm)

따라서 가로의 길이는 $\frac{2}{9}\times3=\frac{2}{3}$(cm)입니다.

정사각형의 한 변의 길이는 직사각형의 가로와 같으므로 정사각형의 둘레는 직사각형의 가로의 4배와 같습니다. $\frac{2}{3}\times4=\frac{8}{3}$(cm)입니다.

7

단계별 힌트

1단계	높이의 50%는 높이의 절반입니다.
2단계	첫 번째로 튀어 오른 높이부터 차례대로 구해 봅니다.
3단계	50%=$\frac{1}{2}$=0.5입니다. 이를 토대로 식을 세워 봅니다.

공이 떨어진 높이의 50%만큼 튀어 오릅니다. 즉 높이에 0.5를 곱해 주면 튀어 오른 높이가 나옵니다.

첫 번째로 튀어 오른 높이는 16×0.5=8(m) 입니다.

두 번째로 튀어 오른 높이는 첫 번째로 튀어오른 높이의 0.5이므로 8×0.5=4(m)입니다.

세 번째로 튀어 오른 높이는 두 번째로 튀어 오른 높이의 0.5 이므로 4×0.5=2(m)입니다.

다른 풀이

한 번 튀어 오를 때마다 0.5를 곱해 주면 됩니다. 따라서 세 번 튀어 오른 높이는 처음 높이에 0.5를 세 번 곱합니다.

즉 (세 번째로 튀어 오른 높이)=16×0.5×0.5×0.5=2(m)

8

단계별 힌트

1단계	빨간색 선을 따라 자르면 직육면체가 4개가 됩니다. 이때 새롭게 생긴 면은 어디입니까?
2단계	쉽게 따지기 위해서 가로면과 세로면을 따로 생각해 봅니다.
3단계	1번 자를 때마다 2개의 면이 늘어납니다. 이 경우 2번 잘랐습니다.

자르면 새로운 면이 생깁니다. 쉽게 따지기 위해서 한 번 자를 때마다 새롭게 생긴 면을 따로 생각해 봅니다.

1. 세로 방향으로 잘랐을 때 새로 생기는 면을 알아봅니다.

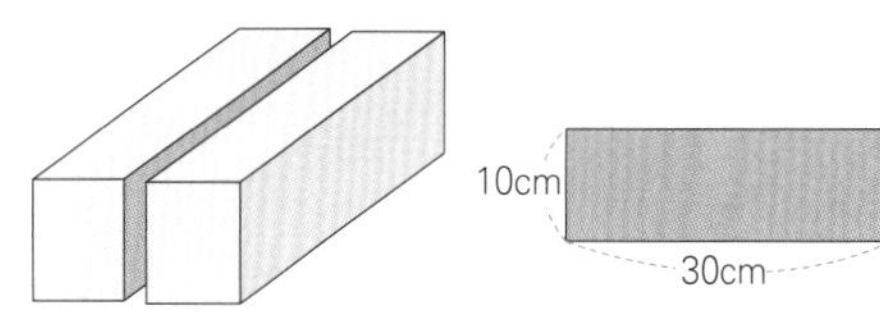

자르기 전 직육면체의 세로가 30cm이고 높이가 10cm이므로 세로로 잘랐을 경우 겉넓이가 30×10=300(cm^2)의 2배인 600(cm^2)만큼 늘어납니다.

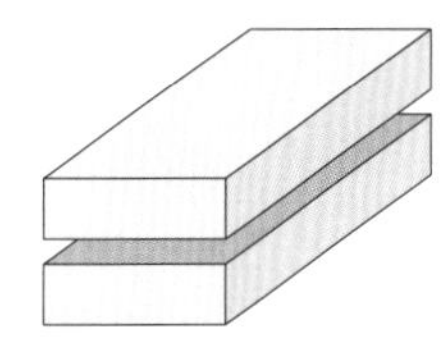
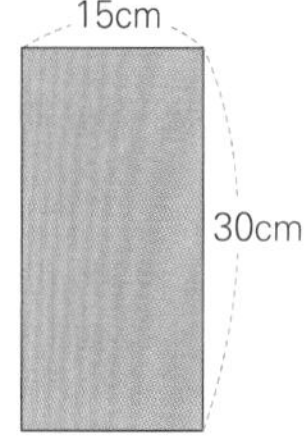

자르기 전 직육면체의 가로가 15cm이고 세로가 30cm이므로 가로로 잘랐을 경우 겉넓이가 15×30=450(cm^2)의 2배인 900(cm^2)만큼 늘어납니다.

따라서 선을 따라 자르면 자르기 전보다 겉넓이가 600+900=1500(cm^2)만큼 늘어납니다.

실력 진단 테스트

• 70쪽~79쪽

1. ① 2. ③ 3. ⑤
4. ㉠$=\frac{101}{120}$, ㉡$=1\frac{7}{120}$ 5. $2\frac{23}{36}$cm^2
6. 10개 7. 128.32g 8. 11.2
9. 5.02cm^2 10. ③ 11. ㉢, ㉣, ㉡, ㉠
12. 27000원 13. 1) 18명 2) 126명 3) 18명
14. 7:16 15. 67.5cm^2
16. 60명 17. 64000cm^3
18. 2440cm^3 19. 928cm^2 20. 7cm^3

1 중 단계별 힌트

1단계	㉠의 값을 먼저 구해야 ㉡의 값을 구할 수 있습니다.
2단계	$\square\div\triangle=\square\times\frac{1}{\triangle}$입니다. 따라서 $\frac{1}{10}\div6=\frac{1}{㉠}\div12$를 $\frac{1}{10}\times\frac{1}{6}=\frac{1}{㉠}\times\frac{1}{12}$로 고칠 수 있습니다.
3단계	분자가 같으면 분모끼리만 비교하면 됩니다.

1. 왼쪽의 식을 풀어 ㉠의 값부터 구합니다.

$\frac{1}{10}\div6=\frac{1}{㉠}\div12$

→ $\frac{1}{10}\times\frac{1}{6}=\frac{1}{㉠}\times\frac{1}{12}$

→ $\frac{1}{60}=\frac{1}{㉠\times12}$

분자가 1로 같으므로 분모도 같습니다.

따라서 $60=㉠\times12$이고, ㉠$=5$입니다.

2. 구한 ㉠의 값을 오른쪽 식에 넣어 풀어 봅니다.

$\frac{1}{9}\times\frac{1}{㉠}=\frac{1}{15}\times\frac{1}{㉡}$

→ $\frac{1}{9\times5}=\frac{1}{15\times㉡}$

→ $\frac{1}{45}=\frac{1}{15\times㉡}$

분자가 1로 같으므로 분모도 같습니다.

따라서 $45=15\times㉡$이고, ㉡$=3$입니다.

따라서 ㉠$-$㉡$=5-3=2$이므로 답은 ①번입니다.

2 하 단계별 힌트

1단계	대분수를 가분수로 고쳐서 계산합니다.
2단계	$\square\div\triangle=\square\times\frac{1}{\triangle}$입니다.

① $2\frac{3}{4}\div3=\frac{11}{4}\times\frac{1}{3}=\frac{11}{12}$

② $4\frac{3}{7}\div4=\frac{31}{7}\times\frac{1}{4}=\frac{31}{28}=1\frac{3}{28}$

③ $1\frac{5}{8}\div3=\frac{13}{8}\times\frac{1}{3}=\frac{13}{24}$

④ $7\frac{1}{8}\div2=\frac{57}{8}\times\frac{1}{2}=\frac{57}{16}=3\frac{9}{16}$

⑤ $6\frac{3}{5}\div5=\frac{33}{5}\times\frac{1}{5}=\frac{33}{25}=1\frac{8}{25}$

몫이 가장 작은 식은 ③번입니다.

3 중 단계별 힌트

1단계	어떤 수를 □라고 놓고 식을 세워 봅니다.
2단계	대분수를 가분수로 고쳐서 계산합니다.

어떤 수를 □라고 놓고 식을 세워 봅니다.

$\square\div12\times2=23\frac{5}{9}$

→ $\square\div12\times2\times12\div2=23\frac{5}{9}\times12\div2$

→ $\square=23\frac{5}{9}\times12\div2$

→ $\square=\frac{212}{9}\times\frac{1}{2}\times12=\frac{424}{3}=141\frac{1}{3}$

답은 ⑤번입니다.

4 중 단계별 힌트

1단계	눈금 1칸의 크기를 구해 봅니다.
2단계	(눈금 1칸의 크기)$=(\frac{19}{20}-\frac{5}{8})\div3$
3단계	㉠$=\frac{19}{20}-$(눈금 1칸), ㉡$=\frac{19}{20}+$(눈금 1칸)

수직선에서 $\frac{5}{8}$와 $\frac{19}{20}$ 사이에는 3칸이 있으므로, $\frac{5}{8}$와 $\frac{19}{20}$ 의 차는 수직선 3칸과 같습니다. 따라서 수직선 1칸의 크기를 구하는 식을 다음과 같이 세울 수 있습니다.

$(\frac{19}{20}-\frac{5}{8})\div3=\frac{38-25}{40}\times\frac{1}{3}=\frac{13}{40}\times\frac{1}{3}=\frac{13}{120}$

수직선 1칸이 $\frac{13}{120}$이므로 ㉠은 $\frac{19}{20}$ 보다 $\frac{13}{120}$ 작은 수, ㉡은 $\frac{19}{20}$ 보다 $\frac{13}{120}$ 큰 수입니다.

(㉠이 나타내는 수)$=\frac{19}{20}-\frac{13}{120}=\frac{114}{120}-\frac{13}{120}=\frac{101}{120}$

(㉡이 나타내는 수)$=\frac{19}{20}+\frac{13}{120}=\frac{114}{120}-\frac{13}{120}=\frac{127}{120}=1\frac{7}{120}$

5 중 단계별 힌트

1단계	(정사각형 ㅁㅂㅅㅇ 넓이)=(정사각형 ㄱㄴㄷㄹ 넓이)÷2
2단계	(색칠한 부분의 넓이)=(정사각형 ㅁㅂㅅㅇ넓이)÷2

정사각형의 각 변의 중점을 이어서 만든 정사각형의 넓이는 처음 정사각형의 넓이의 반입니다. 따라서 정사각형 ㅁㅂㅅㅇ의 넓이는 정사각형 ㄱㄴㄷㄹ 넓이의 반이므로 다음과 같은 식을 세울 수 있습니다.

$10\frac{5}{9}\div2=\frac{95}{9}\times\frac{1}{2}=\frac{95}{18}$(cm^2)

색칠한 부분의 넓이는 다시 정사각형 ㅁㅂㅅㅇ 넓이의 반이므로

(색칠한 부분의 넓이) $= \frac{95}{18} \div 2 = \frac{95}{18} \times \frac{1}{2} = \frac{95}{36} = 2\frac{23}{36}(cm^2)$

6 하 단계별 힌트

1단계	각기둥은 밑면이 2개, 각뿔은 밑면이 1개입니다.
2단계	각기둥의 모서리 수는 밑면의 모서리 수의 3배입니다.
3단계	각뿔의 모서리 수는 밑면의 모서리 수의 2배입니다.

밑면의 모양이 십각형인 각기둥은 십각기둥, 각뿔은 십각뿔입니다.
(십각기둥의 모서리 수) $= 10 \times 3 = 30$(개)
(십각뿔의 모서리 수) $= 10 \times 2 = 20$(개)
따라서 둘의 차는 $30 - 20 = 10$(개)입니다.

7 상 단계별 힌트

1단계	연필 5자루의 무게는 어떻게 구할 수 있습니까?
2단계	연필 12자루가 든 필통의 무게에서 연필 7자루가 든 필통의 무게를 빼면 연필 5자루의 무게가 나옵니다.
3단계	연필 1자루의 무게, 빈 필통의 무게를 차례로 구해 봅니다.

연필 12자루가 든 필통의 무게에서 연필 7자루가 든 필통의 무게를 빼면 연필 5자루의 무게가 나옵니다.
(연필 5자루의 무게) $= 152.48 - 122.28 = 30.2$(g)
연필 1자루의 무게는 연필 5자루의 무게를 5로 나누어 구합니다.
(연필 1자루의 무게) $= 30.2 \div 5 = 6.04$(g)
빈 필통의 무게는 연필 12자루가 든 필통의 무게에서 연필 12자루의 무게를 빼서 구합니다.
(연필 12자루의 무게) $= 6.04 \times 12 = 72.48$(g)
(빈 필통의 무게) $= 152.48 - 72.48 = 80$(g)
연필 8자루를 넣은 필통의 무게는 연필 8자루의 무게와 빈 필통의 무게를 합해서 구합니다.
(연필 8자루를 넣은 필통의 무게) $= (6.04 \times 8) + 80 = 48.32 + 80$
$= 128.32$(g)

다른 풀이
연필 1자루의 무게를 구했다면, 빈 필통의 무게를 구할 필요 없이 연필 7자루가 든 필통의 무게에 연필 1자루의 무게를 더해 답을 구합니다.
(연필 8자루를 넣은 필통의 무게) $= 122.28 + 6.04 = 128.32$(g)

8 상 단계별 힌트

1단계	위의 사각형 안에 있는 두 수를 이용해서 아래의 사각형에 들어갈 수를 찾아봅니다.
2단계	위의 사각형 안에 있는 두 수를 더한 다음 아래의 사각형 안에 있는 수와 비교해 봅니다.
3단계	어림을 이용해 봅니다. 두 수의 합은 아래의 사각형 안에 있는 수와 몇 배 정도 차이 납니까?

위의 사각형 안에 있는 두 수의 합과, 아래의 사각형 안에 있는 수를 어림을 이용해 비교해 봅니다.
$12 + 30 = 42$ → 8.4와 약 5배 차이
$28 + 25 = 53$ → 10.6과 약 5배 차이
$19 + 20 = 39$ → 7.8과 약 5배 차이
위의 두 수의 합을 5로 나누는 규칙이라고 생각해 볼 수 있습니다.
정말 그런지 알아보기 위해 5로 나누어 봅니다.
$(12 + 30) \div 5 = 42 \div 5 = 8.4$
$(28 + 25) \div 5 = 53 \div 5 = 10.6$
$(19 + 20) \div 5 = 39 \div 5 = 7.8$
위의 두 수의 합을 5로 나누는 규칙입니다.
따라서 ㉠에 알맞은 수는 $(8 + 48) \div 5 = 56 \div 5 = 11.2$입니다.

9 상 단계별 힌트

1단계	새로 만든 직사각형의 가로의 길이는 (가로)×6.4, 세로의 길이는 (세로)×2.5입니다.
2단계	어떤 직사각형의 넓이를 □라 하고, 어떤 직사각형과 새로 만든 직사각형의 넓이를 비교하는 식을 세워 봅니다.
3단계	어떤 직사각형의 넓이는 □고 새로 만든 직사각형의 넓이는 {(가로)×6.4}×{(세로)×2.5}이므로 □×6.4×2.5로 정리할 수 있습니다.

처음 직사각형의 넓이는 (가로)×(세로)입니다.
새로 만든 직사각형의 가로의 길이는 (가로)×6.4, 세로의 길이는 (세로)×2.5입니다. 따라서 새로 만든 직사각형의 넓이는 {(가로)×6.4}×{(세로)×2.5} = (가로)×(세로)×6.4×2.5입니다.
계산을 간단하게 하기 위해 처음 직사각형의 넓이인 (가로)×(세로)를 □라 하고 식을 세워 봅니다. 새로 만든 직사각형의 넓이가 처음 직사각형의 넓이보다 $75.3cm^2$ 더 늘어났으므로 다음과 같이 식을 세울 수 있습니다.
□×6.4×2.5 = □+75.3
→ □×16 = □+75.3
→ □+□×15 = □+75.3
→ □×15 = 75.3
→ □ = 75.3÷15 = 5.02
처음 직사각형의 넓이는 $5.02cm^2$입니다.

10 하

단계별 힌트

1단계	1시간 38분을 분으로 고쳐 봅니다.
2단계	98÷5는 얼마입니까?

공원을 1바퀴 도는 데 걸린 시간은 공원을 5바퀴 도는 데 걸린 시간을 5로 나누어 구합니다. 단위를 통일하기 위해 시간을 분으로 고칩니다. 1시간 38분은 98분입니다.
(공원을 1바퀴 도는 데 걸린 시간)=98÷5=19.6(분)이므로
답은 ③번입니다.

11 하

단계별 힌트

1단계	모두 계산하여 크기를 비교해 봅니다.
2단계	56.3%를 소수로 고치면 얼마입니까?

㉠을 소수로 바꾸면 0.563입니다.
㉡을 소수로 바꾸면 1.563입니다.
㉢을 소수로 바꾸면 2.7입니다.
㉣을 소수로 바꾸면 2.04입니다.
큰 것부터 차례로 나열하면 ㉢, ㉣, ㉡, ㉠입니다.

12 하

단계별 힌트

1단계	전체의 25%를 썼으면 몇 퍼센트가 남습니까?
2단계	전체의 75%를 구하는 식을 세워 봅니다.

예금의 25%를 썼으므로 남은 돈은 예금의 75%입니다.
따라서 소희의 통장에 남아 있는 돈은 36000×0.75=27000(원)입니다.

13 상

단계별 힌트

1단계	주어진 조건에 따라 학생 수를 구해 봅니다. 충치가 있는 학생은 300×0.48이고, 근시인 학생은 300×0.12입니다.
2단계	충치도 근시도 가지지 않은 학생은 300×0.46입니다. 그렇다면 충치와 근시 중 하나라도 있는 학생은 몇 명입니까?
3단계	충치가 있으면서 근시인 학생은 몇 명입니까?

1) 충치도 없고 근시도 아닌 학생 수는 300×0.46=138(명)입니다. 따라서 충치 또는 근시인 학생 수는 전체 300명에서 138명을 뺀 162명입니다.
한편 충치가 있는 학생 수는 300×0.48=144(명)이고, 근시인 학생 수는 300×0.12=36(명)입니다. 합하면 180명입니다. 그런데 충치 또는 근시인 학생 수는 162명입니다. 충치와 근시가 동시에 있는 학생이 중복으로 들어갔다는 뜻입니다. 충치와 근시를 동시에 가진 학생은 180−162=18(명)입니다.

2) 충치만 있는 학생 수는 충치가 있는 전체 학생 수에서 충치와 근시가 동시에 있는 학생 수를 빼면 됩니다.
따라서 충치만 있는 학생은 144−18=126(명)입니다.

3) 근시만 있는 학생 수는 근시가 있는 전체 학생 수에서 충치와 근시가 동시에 있는 학생 수를 빼면 됩니다.
따라서 근시만 있는 학생 수는 36−18=18(명)입니다.

14 상

단계별 힌트

1단계	삼각형 ㄱㄴㄷ의 넓이를 1로 놓고 생각해 봅니다.
2단계	삼각형 ㄹㅁㅂ의 넓이는 삼각형 ㄱㄴㄷ에서 삼각형 ㄱㄹㅂ, 삼각형 ㄹㄴㅁ, 삼각형 ㅂㅁㄷ의 넓이를 뺀 것입니다.
3단계	"선분 ㄴㅂ을 그어 봐. 그러면 삼각형 ㅂㄴㄷ이 생겨. 삼각형 ㅂㄴㄷ의 넓이는 삼각형 ㄱㄴㄷ의 $\frac{1}{4}$이지. 그러면 삼각형 ㅂㅁㄷ의 넓이는 얼마일까?"

삼각형 ㄱㄴㄷ의 넓이를 1이라고 놓고 비율을 알아봅니다. 삼각형 ㄹㅁㅂ의 넓이를 알아내기 위해 삼각형 ㄱㄹㅂ, 삼각형 ㄹㄴㅁ, 삼각형 ㅂㅁㄷ의 넓이를 알아봅니다.
1. 선분 ㄴㅂ을 그어 삼각형 ㅂㄴㄷ을 만듭니다.

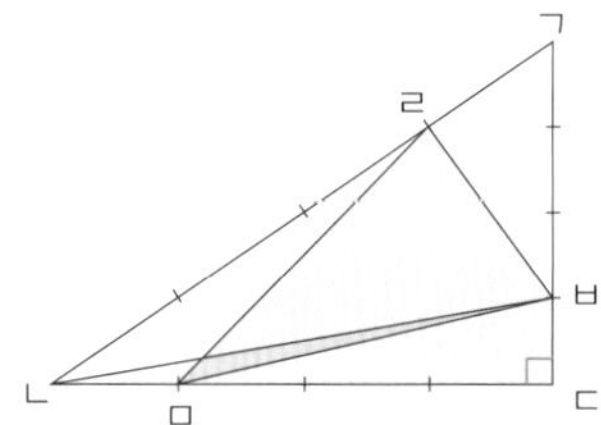

삼각형 ㅂㄴㄷ은 삼각형 ㄱㄴㄷ과 밑변이 같고 높이는 $\frac{1}{4}$이므로, 넓이도 $\frac{1}{4}$입니다.
따라서 (삼각형 ㅂㄴㄷ의 넓이)=(삼각형 ㄱㄴㄷ의 넓이)×$\frac{1}{4}=\frac{1}{4}$
2. 삼각형 ㅂㄴㄷ과 삼각형 ㅂㅁㄷ을 비교합니다. 두 삼각형은 높이가 같으므로 밑변의 길이가 넓이를 결정합니다. 삼각형 ㅂㅁㄷ의 밑변은 삼각형 ㅂㄴㄷ의 $\frac{3}{4}$입니다. 따라서 넓이도 삼각형 ㅂㄴㄷ의 $\frac{3}{4}$입니다.
따라서 (삼각형 ㅂㅁㄷ의 넓이)=(삼각형 ㅂㄴㄷ의 넓이)×$\frac{3}{4}$
$=\frac{1}{4}\times\frac{3}{4}=\frac{3}{16}$
3. 같은 방법으로 선분 ㄱㅁ을 그어 봅니다. 삼각형 ㄱㄴㅁ의 넓이는 $\frac{1}{4}$이고, 삼각형 ㄹㄴㅁ의 넓이는 삼각형 ㄱㄴㅁ 넓이의 $\frac{3}{4}$이므로 $\frac{1}{4}\times\frac{3}{4}=\frac{3}{16}$입니다.
4. 같은 방법으로 선분 ㄷㄹ을 그어 봅니다. 삼각형 ㄱㄹㄷ의 넓이는 $\frac{1}{4}$이고, 삼각형 ㄱㄹㅂ의 넓이는 삼각형 ㄱㄹㄷ 넓이의 $\frac{3}{4}$이므로 $\frac{1}{4}\times\frac{3}{4}=\frac{3}{16}$입니다.
5. 따라서 삼각형 ㄹㅁㅂ의 넓이는 삼각형 ㄱㄴㄷ에서 삼각형 ㄱㄹㅂ, 삼각형 ㄹㄴㅁ, 삼각형 ㅂㅁㄷ의 넓이를 뺀 것입니다.

(삼각형 ㄹㅁㅂ의 넓이) = $1-(\frac{3}{16}+\frac{3}{16}+\frac{3}{16})=\frac{7}{16}$

6. 따라서 (삼각형 ㄹㅁㅂ의 넓이):(삼각형 ㄱㄴㄷ의 넓이)
$=\frac{7}{16}:1=7:16$입니다.

15 상 단계별 힌트

1단계	㉮ 삼각형과 ㉯ 삼각형이 만나는 지점에 밑변과 평행한 직선을 그어 봅니다.
2단계	㉮와 ㉯의 넓이는 각각 어떤 직사각형 넓이의 절반입니까?
3단계	(㉮의 넓이)+(㉯의 넓이) = (전체 직사각형 넓이)÷2

㉮ 삼각형과 ㉯ 삼각형이 만나는 지점에 밑변과 평행한 직선을 그으면 두 개의 직사각형이 만들어집니다.

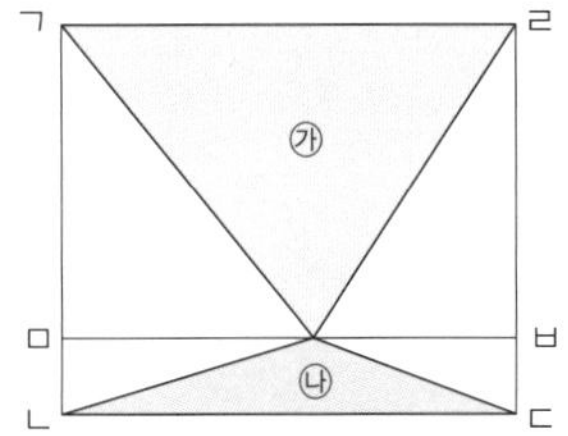

(㉯의 넓이)는 직사각형 ㅁㄴㄷㅂ 넓이의 절반이고, (㉮의 넓이)는 직사각형 ㄱㅁㅂㄹ 넓이의 절반입니다.
따라서 (㉮의 넓이)+(㉯의 넓이) = (직사각형 ㄱㄴㄷㄹ 넓이)÷2
= (직사각형 ㄱㄴㄷㄹ 넓이의 50%)
또한 ㉯의 넓이가 직사각형 ㄱㄴㄷㄹ 넓이의 10%이므로
㉮의 넓이는 직사각형 ㄱㄴㄷㄹ 넓이의 $50-10=40$(%)입니다.
직사각형 ㄱㄴㄷㄹ 넓이의 40%가 27cm^{2}이므로 직사각형 ㄱㄴㄷㄹ 넓이의 1%는 $27\div40=0.675$(cm^2)입니다.
따라서 (직사각형 ㄱㄴㄷㄹ 넓이) = $0.675\times100=67.5$(cm^2)

16 상 단계별 힌트

1단계	전체 학생 중 축구를 좋아하는 학생의 비율은 25%입니다. 그중 여학생의 비율은 40%입니다. 따라서 축구를 좋아하는 여학생의 수는 (전체 6학년 학생)×0.25×0.4입니다.
2단계	전체 학생의 수는 $140+100=240$(명)입니다.
3단계	농구를 좋아하는 학생 중 $\frac{3}{4}$이 여학생입니다.

전체 학생의 수는 $140+100=240$(명)입니다.
전체 학생 중 축구를 좋아하는 학생의 비율이 25%고, 그중 여학생의 비율은 40%입니다.
따라서 축구를 좋아하는 여학생의 수는 $240\times0.25\times0.4=24$(명)입니다.
한편 전체 학생 중 농구를 좋아하는 비율은 20%이고, 그중 여학생의 비율은 $\frac{270}{360}=\frac{3}{4}=0.75$입니다.

따라서 농구를 좋아하는 여학생의 수는 $240\times0.2\times0.75=36$(명)입니다.
따라서 축구를 좋아하는 여학생과 농구를 좋아하는 여학생 수의 합은 $24+36=60$(명)입니다.

팁
만약 전체 학생 중 축구를 좋아하는 여학생의 비율을 구해야 한다면, 전체 학생 중 축구를 좋아하는 여학생의 비율은 25%의 $\frac{40}{100}$이므로 $25\times\frac{40}{100}=10$(%)로 계산할 수 있습니다.

17 하 단계별 힌트

1단계	정육면체는 가로, 세로, 높이의 크기가 모두 같습니다.
2단계	8, 5, 4의 최소공배수는 얼마입니까?
3단계	정육면체의 부피는 (가로)×(세로)×(높이)입니다.

주어진 직육면체를 정육면체 모양의 상자 안에 빈틈없이 쌓는다고 생각해 봅니다.
만들 수 있는 가장 작은 정육면체의 한 모서리의 길이는 8cm, 5cm, 4cm의 최소공배수인 40cm입니다.
따라서 만들 수 있는 가장 작은 정육면체의 부피는
$40\times40\times40=64000$(cm^3)입니다.

18 하 단계별 힌트

1단계	입체도형의 모든 모서리는 직각으로 만납니다.
2단계	입체도형을 수직으로 자르면 직육면체가 됩니다.
3단계	직육면체 3개로 나누어 따로 부피를 구해 봅니다.

다음 그림과 같이 도형을 잘라 직육면체 3개로 만듭니다.

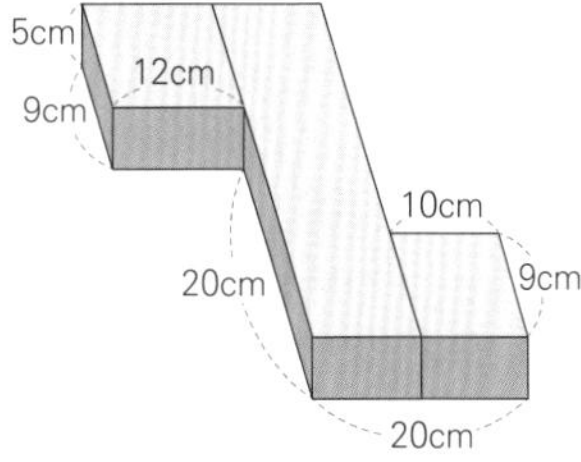

왼쪽 위의 직육면체의 부피는 $12\times9\times5=540$(cm^3)입니다.
중간의 긴 직육면체의 가로는 $(20-10)$cm, 세로는 $(20+9)$cm, 높이는 5cm이므로 부피는 $(20-10)\times(20+9)\times5=1450$(cm^3)입니다.
오른쪽 아래의 직육면체의 부피는 $10\times9\times5=450$(cm^3)입니다.
따라서 이 입체도형의 부피는 $540+1450+450=2440$(cm^3)입니다.

19 중

단계별 힌트

1단계	정육면체 1개의 부피가 64cm^{3}면 한 변의 길이는 몇 cm입니까?
2단계	위에서 본 면의 수, 앞에서 본 면의 수, 옆에서 본 면의 수를 세어 봅니다.
3단계	감이 잘 오지 않으면 쌓기나무로 직접 입체도형을 만들어 봅니다.

1. 정육면체의 한 면의 넓이부터 구합니다. 정육면체 1개의 부피가 64cm^{3}입니다. $4\times4\times4=64$이므로 정육면체의 한 변의 길이는 4cm입니다. 따라서 정육면체 한 면의 넓이는 $4\times4=16$(cm^2)입니다.
2. 모든 방향에서 본 정육면체의 수를 구해 봅니다.
위에서 본 면의 수는 10개입니다. 아래에서 본 면의 수와도 같습니다.
앞에서 본 면의 수는 8개입니다. 뒤에서 본 면의 수와도 같습니다.
오른쪽에서 본 면의 수는 11개입니다. 왼쪽에서 본 면의 수와도 같습니다.
따라서 입체도형의 겉넓이는 $(10+8+11)\times2\times16=928$(cm^2)입니다.

20 상

단계별 힌트

1단계	쌓기나무의 개수가 곧 부피입니다. 따라서 쌓기나무가 몇 개인지 생각해 봅니다.
2단계	위에서 본 모양 그림에, 각 칸에 쌓여 있는 쌓기나무의 수를 써 봅니다.
3단계	감이 잘 오지 않으면 쌓기나무로 직접 입체도형을 만들어 봅니다.

위에서 본 모양의 각 칸에 쌓여 있는 쌓기나무의 수를 써 보면 그림과 같습니다.

	2
1	1
3	

따라서 쌓기나무는 모두 $2+1+1+3=7$(개)입니다.
쌓기나무 1개의 부피가 1cm^{3}이므로 입체도형의 부피는 7cm^{3}입니다.

실력 진단 결과

채점을 한 후, 다음과 같이 점수를 계산합니다.
(내 점수) = (맞은 개수) × 5(점)

내 점수: ______ 점

점수별 등급표

95점~100점: 1등급(~4%)
85점~90점: 2등급(4~11%)
75점~80점: 3등급(11~23%)
65점~70점: 4등급(23~40%)
55점~60점: 5등급(40~60%)

※해당 등급은 절대적이지 않으며 지역, 학교 시험 난도, 기타 환경 요소에 따라 편차가 존재할 수 있으므로 신중하게 활용하시기 바랍니다.